企业安全风险管控与隐患排查实务

戴世强◎编著

如履薄冰、如临深渊，抓牢企业安全生产；
慎终如始、毫不懈怠，抓好企业风险管控；
未雨绸缪、精准施策，抓实企业安全工作。

思想意识重视，防范措施科学，
解决方案实用，漏洞排查精细。

人民日报出版社

图书在版编目（CIP）数据

企业安全风险管控与隐患排查实务 / 戴世强编著
. --北京：人民日报出版社，2023.2
ISBN 978-7-5115-7657-6

Ⅰ.①企… Ⅱ.①戴… Ⅲ.①企业管理-安全管理-风险管理②企业管理-安全隐患-安全检查 Ⅳ.①X931

中国国家版本馆 CIP 数据核字（2023）第 001503 号

书　　名： 企业安全风险管控与隐患排查实务
QIYE ANQUAN FENGXIAN GUANKONG YU YINHUAN PAICHA SHIWU
作　　者： 戴世强

出 版 人： 刘华新
责任编辑： 刘天一
封面设计： 陈国风

出版发行： 人民日报出版社
地　　址： 北京金台西路 2 号
邮政编码： 100733
发行热线：（010）65369527　65369846　65369509　65369510
邮购热线：（010）65369530　65363527
编辑热线：（010）65369844
网　　址： www.peopledailypress.com
经　　销 新华书店
印　　刷 北京柯蓝博泰印务有限公司

开　　本： 170mm×240mm　1/16
字　　数： 200 千字
印　　张： 13
版次印次： 2023 年 6 月第 1 版　2023 年 6 月第 1 次印刷

书　　号： ISBN 978-7-5115-7657-6
定　　价： 65. 80 元

序

企业生产，重在安全。

安全是企业的生命线。企业要确保员工人身安全，就必须坚持“以人为本、安全发展”的安全生产理念，要让员工牢固树立“人人抓安全、人人讲安全、人人会安全”的意识，促使他们充分发挥主观能动性，自觉遵守各项安全管理制度。

安全是企业的头等大事，关乎员工生命与健康，企业的前途与命运，因此企业必须加大风险管控与隐患排查力度，不断提升安全生产管理水平，做到“风险可控、隐患可查”，从根本上杜绝各类安全事故的发生。

在生产企业中，风险无处不在，要想有效管控风险，首先应做好预防工作。预防工作是否到位，在一定程度上决定了企业与员工是否能够有效避免各类安全事故的发生。“防范胜于救灾，责任重于泰山”，这样的安全警示要真正印刻在企业每一名员工的内心，这样才能促使他们在生产活动中时时留意、处处小心，不给安全留死角。

安全就是生命，安全就是效益，没有安全就没有一切。这种意识对于提升企业和员工的安全素质至关重要。在生产中，企业与员工要携手同心，努力排除人员、机器、原料、方法、环境的不安全状态及潜在风险，避免因此导致的人身伤害或经济损失。

安全风险管控与隐患排查二者紧密相连，有效管控风险，便能够最大限度地消除各种安全隐患；隐患排查力度越大、越细致、越全面，安全风险就越低，管控工作就越简单。

本书从安全风险管控和隐患排查两方面出发，既对企业在提升风险意识、落实安全责任、制定安全制度、加强现场管理等方面进行了阐述，又对员工在具体的生产活动中如何有效排查隐患、遵守规章制度和个人信息安全等方面做了详细介绍，还对各类安全事故案例，做了适当分析和解读。希望广大读者特别是生产企业员工可以对照自己的工作岗位，筑牢安全底线，做好安全生产。

目录

第一章　强化安全风险管控，筑牢安全风险意识

第二章　落实安全责任，严守安全底线

第三章　制定安全制度，扫除安全隐患

第四章　深入现场，确保安全“零事故”

第五章　紧盯“三违”，让隐患无所遁形

第九章 拧紧安全发条，重视网络信息安全

第一章

强化安全风险管控，筑牢安全风险意识

保障安全，意识先行。意识决定行为，安全风险意识不强，就无法准确辨识安全生产中的危险源，也自然难以制定各种防范措施，实现有效预防各类安全事故的目的。“安全第一”的理念应贯穿于生产活动始终，因此生产活动过程中的每一个行为人都要不断提高安全风险意识，筑牢安全生产防线。

1. 意识先行，牢固树立安全观

安全是生产的前提，一切生产活动都要建立在安全的基础上，所以树立安全观、形成安全意识，是有效管控风险、实现安全生产的先决条件。

在企业生产过程中，各类事故屡见不鲜，究其原因，就在于员工没有形成安全意识，没能树立安全观，对安全隐患视而不见，最终导致隐患变成了事故。要想有效避免事故的发生，企业就必须强化安全风险管控、坚守安全红线，全体员工也要有能力、有意识地排患除患，从而确保人身和财产安全，推动企业的可持续发展。

安全为上，意识先行。企业与员工都应树立安全观，只有具备较强的安全意识，才能保证安全生产，创收创效。

从企业的角度看，员工具备强烈的安全意识至关重要，如何提升员工的安全意识也是企业安全管理的重点，可以从以下几个方面入手来提升员工的安全意识。

第一，健全机制，规范管理。

企业要完善安全生产长效机制，做好安全体系的制定和安全责任、安全措施的落实，扎实做好日常安全管理工作，逐渐强化全员安全生产责任意识，让安全成为员工的习惯和自觉行为。

第二，学习安全规程和技术。

员工通过对安全规程和技术的学习，可以提高安全知识水平，对安全的认识也会更深刻，所以企业有必要定期开展规程学习，并完善定期考核制度，让员工的安全意识实现质的飞跃。

第三，开展安全教育活动。

企业应定期开展安全教育活动，结合实际对特定事故进行剖析，让全员对类似事故形成预见性并进行反思，从而拓展安全意识的深度和广度，杜绝违章违规行为。

第四，召开安全例会。

在提高和强化安全意识方面，定期召开安全例会必不可少。尤其在生产前，通过例会对容易忽视的安全事项进行强调和剖析，可以让员工逐渐增强主动规避风险的意识，从而为安全生产保驾护航。

第五，制定奖惩机制。

以奖惩为手段，员工会更加重视安全。当知道自己要为不安全行为付出相应的物质代价时，员工或许会因害怕处罚而重视安全，但不管他们出于哪种心理，只要能够形成安全意识和观念，也就达到了目的。在这个过程中，员工也会逐渐由被动转为主动，最后把这种奖罚机制内化为自身安全意识，并养成安全习惯。

归根结底，企业必须打破“重视生产、轻视安全”的怪圈，在确保安全生产的因素上下功夫，努力提升员工的安全意识。

企业通过各种方式方法提升员工安全意识的同时，作为员工的我们也要学会自我保护，提升自我安全意识。比如，要提高认识，多学企业安全理念，把企业规章制度牢记于心，让安全生产成为自觉行为；要善于通过企业针对安全的不同形式的宣传更全面地认识安全；积极参与企业安全管理与监督，感受安全的重要性；自觉接受他人的提醒和监督，提高安全意识。

此外，也要根据自身工作性质和特点接受相应的安全教育，逐步提升安全意识和技能；平日里也要多接受企业安全教育，如全员安全教育、季节安全教育、假日安全教育等，同时重视突发事故带给我们的警示教育，不断强化安全意识。

作为员工，要以企业和个人关系为纽带，认识到“企业的发展靠员工，员工的生存靠企业”，二者“你中有我，我中有你”，要意识到自己越重视安全生产，就越会为企业创造更大的经济效益，自己也会得到越多的回报。

作为企业发展的基础和保障，安全生产这个话题永远都不过时。倘若有人忽视了安全、漠视了隐患，就无法构筑生命安全防线，生命财产安全将失去保障。

某煤矿立井曾发生一起特别重大瓦斯爆炸事故，造成200多人死亡、30人受伤，直接经济损失达4900多万元。事故发生后，相关部门马上成立了调查小组，最终的调查结果表明，这并不是一起偶然事故，而是无数不被察觉和重视的安全隐患累积起来“大爆发”的结果。

该立井风道内的掘进工作面局部停风，导致瓦斯累积，浓度达到了爆炸界限，加之作业人员违章带电检修井下临时配电点的照明信号综合保护装置，继而产生火花，是导致事故的直接原因。不难看出，这些引发事故的原因本可以杜绝，可惜惨剧还是发生了。归根结底，是该煤矿作业人员及相关管理人员缺乏足够的安全意识。

在深入调查中发现，该立井的“一通三防”及机电管理十分混乱，比如违反《煤矿安全规程》改建、扩建，采区没有设置专门的回风巷；外包工队井下特殊工种长期违规，无证上岗，违章带电检修电气设备；未落实瓦斯监控系统的维护、检修制度，或落实不到位——井下瓦斯传感器存在安全隐患，地面瓦斯监控系统声音报警功能出现故障后，长达4个月都未曾检修，因而当事故发生时未能发出报警信号；未按要求定期检修照明综合保护装置。

劳动组织管理也同样混乱不堪，比如没有统一、有效的安全管理制度；在尚未与外包工队续签合同的情况下非法使用外包工队；事故当天下井的500多人，存在井下多工种交叉作业情况。

此外，混乱的安全管理更是引发各种安全事故的导火线。比如，几乎没人佩戴自救器和便携甲烷检测仪；安监科科长擅离职守，直到发生事故后才回到岗位；瓦斯监控人员在瓦斯监控系统报警后十多分钟时间内，未按照相关规定停电并疏散人员；煤炭主管及监察部门并未有效组织并整改重大安全隐患。

不难看出，这起事故发生的原因实在太多了。面对安全这项长期、艰巨且复杂的任务，生产的每个环节都必须提高警惕，要时刻保持安全意识。

在生产中，安全隐患随时存在，所以时时要留意、处处要警惕，要把“没有安全就没有效益，没有效益就没有发展”的观念根植于心，真正树立“以人为本，安全发展”的安全理念。

2. 了解事故特征，把风险降到最低

《孙子兵法》有云：“知己知彼，百战不殆。”说的是了解自己和他

人，便可以在战斗中屡战屡胜。在战场上是这样，在生产中也是如此。要想做到“未雨绸缪”，“预知”安全风险，首先要了解事故特征、类型以及成因，如此才能从根源上排险除患，实现安全生产。

（1）事故特征

因果性。事故的发生都会有一些先兆，俗话说“有因必有果，有果必有因”。一旦发生事故，必须尽快厘清事故发生的因果关系，找出症结所在，以预防此类事故再次发生。

偶然性。事故发生的时间、地点和事故后果的严重性都具有一定的偶然性，所以在防范上容易让人无从下手。不过我们通过翻阅事故的统计资料，可以找出事故发生的大体规律，从而借助对事故的统计分析达到有效预防的目的。

危险性。众所周知，事故都具有危险性，尤其是可能造成不同程度的人身伤害，所以，在生产中要重视每一个细枝末节，因为一个烟头、一盏灯、一颗螺钉都可能引发事故。

突发性。生产事故大多是在短时间内突然发生的，毫无预兆。因此，员工务必要时时关注人、机、料、法、环等每一个与生产相关的环节。

关联性。在日常生产过程中，总会遇到某一起事故掩盖着另一起事故的现象，比如装卸搬运设备发生故障，就会造成产品堆放过高或堵塞安全通道、使得作业场地变小等问题，由此埋下巨大的安全隐患，从而引发一系列“关联事故”。

重复性。当处理好一起事故后，并不等于此类事故不会再次发生，如果不多加注意，此类事故或同类事故还会发生。所以无论是企业的生产方式、生产条件、工具和环境，还是员工的素养、技能和习惯，在事故发生后不做出相应的改变，“历史的悲剧”便会再次重演。

时效性。虽然事故具有很多不确定性，但只要在发现苗头时及时处理，排除隐患，就可以有效避免事故的发生。反之，在发现事故苗头后仍一拖再拖，就会不可避免地蒙受人员和财产的损失。因此，事故也是有时效性特征，要及时、快速地消灭事故苗头。

季节性。有些事故带有明显的季节性，比如夏季气温过高、气候多变，容易引发食物中毒、洪涝，甚至雷击等意外事故；冬季天寒地冻、天干物燥，较易发生冻伤、火灾和煤气中毒等事故。充分认识到事故的季节性，有助于提前做好应对策略，确保安全。

过失性。在生产中发生的各种安全事故大多是人为因素造成的，比如员工违章操作、冒险作业，工作环境不良、设备存在故障等也会诱发生产事故，这些都归属于过失行为，所以必须及时纠正，排除不良生产因素。

除上述几种特征外，事故还具有特殊性、事故主体的特定性以及事故地域的不确定性等其他特征，但只要企业和员工提高警惕，擦亮双眼，掌握事故发生的规律，及时发现事故产生的种种征兆，并妥善处理，就能够有效预防事故的发生。

（2）事故类型

《生产安全事故报告和调查处理案例》第三条规定，根据生产安全事故造成的人员伤亡或者直接经济损失，事故一般可分为特别重大事故、重大事故、较大事故和一般事故。

①特别重大事故：是指造成 30 人以上死亡，或者 100 人以上重伤（包括急性工业中毒，下同），或者 1 亿元以上直接经济损失的事故。

②重大事故：是指造成 10 人以上 30 人以下死亡，或者 50 人以上 100 人以下重伤，或者 5000 万元以上 1 亿元以下直接经济损失的事故。

③较大事故：是指造成 3 人以上 10 人以下死亡，或者 10 人以上 50 人以下重伤，或者 1000 万元以上 5000 万元以下直接经济损失的事故。

④一般事故：是指造成 3 人以下死亡，或者 10 人以上重伤，或者 1000 万元以下直接经济损失的事故。

需要注意的是，事故造成的急性工业中毒的人数也包含在重伤范围内。

按照事故发生的原因，伤亡事故还可以分为以下20类：物体打击、车辆伤害、机械伤害、起重伤害、触电、淹溺、灼烫、火灾、高处坠落、坍塌、冒顶片帮、透水、放炮、火药爆炸、瓦斯爆炸、锅炉爆炸、容器爆炸、其他爆炸、中毒和窒息、其他伤害。

按照行业划分，又可分为煤矿事故、金属与非金属矿事故、工商企业（建筑业、危险化学品、烟花爆竹）事故、火灾事故、道路交通事故、水上交通事故、铁路运输事故、民航飞机事故、农业机械事故、渔业船舶事故和其他事故等。

（3）事故成因

事故发生的直接原因包括人的不安全行为、物的不安全状态、管理和环境上的缺陷。

①人的不安全行为

人的不安全行为包括错误操作、漠视安全和忽视警告，比如擅自拆除安全装置、使用不安全设备、用手代替工具操作、物体存放不当、冒险进入危险场所、不安全着装等。

②物的不安全状态

物的不安全状态包括防护、保险和信号等装置存在缺陷或缺少此类装置；错误防护；设备、设施及工具存在缺陷；设备“带病”运行；错误的维修与调整；作业场所狭窄；生产场地环境不良等。

当我们能够全面地了解事故的特征、类型及成因，就能在事故发生时制定最佳应对策略，更重要的是可以做到提前预防，尽可能地消除事故发生的隐患，从而最大限度地降低安全生产风险。

3. 安不可忘危，安全生产要“强监管”

安全生产，一边关联着企业，一边联系着员工，所以任何时候都不能忽视。企业员工要不断加强风险意识、忧患意识和责任意识，绷紧安全生产这根弦，如此才能深入开展事故隐患治理，提升抗风险能力。

要想保证安全生产，必须加强管理和监督，切实做到“安不忘危”，时刻把安全生产挂在心上、抓在手里。发挥监督作用在于不但要指出企业存在什么隐患，还要督促整改隐患。在安全生产中，企业与员工要拧成一股绳，重视“以人为本，重在教育和预防”的大原则，以形成有效的安全生产监督机制。

在加强安全监管方面，安全检查不可或缺，这要求企业要定期对各部门和环节开展细致、周密的检查，同时要不定期地进行抽查，以实现全过程监控，从而及时发现隐患并予以消除。对于查出的隐患，要做好针对性的分析研究，制定相应的整改措施。员工身处生产一线，对于生产的各个环节了如指掌，也更容易发现隐患，因而更不能掉以轻心。

在加强安全监管上，企业与员工应“各司其职”，扮演好自己的角色，履行好自己的责任，如此才能真正实现安全生产，把事故隐患消灭在萌芽状态。

某实业公司发生过一起烟花爆竹爆炸特别重大事故，该起事故共造成30多人死亡、3人失踪、150多人受伤，直接经济损失达6000多万元。当地政府非常重视该起事故，并对事故调查处理报告作出批复，认定这是一起安全生产责任事故。

在调查中发现，公司的礼花弹合球工在进行礼花弹合球挤压、敲实礼花弹球体时，由于疏忽大意，操作不慎引发爆炸，接着又引起了装药间和两个中转间的开包药、效果件和半成品爆炸。片刻之间，厂区其他部位和相邻的木制品企业接连因为爆炸冲击波、抛射物体和燃烧星体发生爆炸和着火。

除了员工的失误，公司的安全生产管理混乱是造成该起事故的间接原因。比如，超人员、超药量生产；公司外部没有足够的安全距离；未经允许扩大生产区域；随意更改工房设计用途、生产工艺等。

这起事故中的公司和员工都负有相应的责任，归根结底，就在于他们平日里疏于监管，没能做到“居安思危”，产生了“平时没有出现任何问题，那么就不存在问题”的错误认知。实际上，风险和隐患总是伴随着生产，稍有大意便会埋下隐患，最终产生恶果。

“安全第一、预防为主、综合治理”始终是安全工作的基本方针，要确保安全生产，就必须让预防成为生产的主旋律。而要想加强安全监管，真正做到防患于未然，就必须有强烈的风险意识，具体来说，要强化以下七种意识。

前瞻意识：前瞻，顾名思义，就是往远看、向前看，要有预见性。它要求企业与员工善于抓苗头、抓倾向、抓重点，从而早准备、早布局、早规划，最大限度地避免发生安全事故。

责任意识：责任心是安全生产的根本保证。企业和员工都要明白，安全工作没有终点，对待安全工作必须站在“以人为本”“人的生命高于一切”的高度，把安全工作摆在第一位置，紧抓不懈、狠抓落实。企业要负总责，员工要立足于岗位，尽心履职，这样才能把责任层层落实到位。

规范意识：企业要保证安全行为标准化、安全监管制度化、安全措施规范化，确保全员都能依章而行，以规范来护安全。

落实意识：所有措施和安全规定都不应只停留在文件上和会议上，这些措施和规定只有落到实处才能真正发挥作用。企业在这方面需要做的是组织开展安全隐患排查工作，对重点岗位、人员和部位进行细致排查，员工则要配合上级，严抓细节，不留漏洞，真正让措施和规定起到作用。

监管意识：管理部门在安全生产上也发挥着巨大作用，要真正做到敢抓、敢管、敢考核、敢问责，对于导致事故的人员和部门行使追究责任的权力，这样就能在最大限度上约束生产部门和生产人员的行为。

创新意识：安全工作中常常会出现新问题、新情况，所以企业和员工都应该创新安全工作的思路和方法，以免在面对新问题、新情况时手足无措，任由危险发生。

技防联防意识：企业应成立专门的安全生产专家小组，提升安全监管的科技含量，从而确保监管的精准和有效。

严格安全生产监督管理，扎实推进落实企业安全生产主体责任行动，才能从根本上提升生产人员的安全生产素质，让企业和员工共同努力，减少安全生产事故的发生。相反，安而忘危、监管不力，势必会造成不可挽回的损失。因此，企业与员工必须警钟长鸣，及时对存在的安全隐患进行排查和清除，守住安全红线，企业才能更稳健地发展。

2022年6月，衢江区安委会各成员单位持续强化执法检查、隐患排查、一线督查力度，旨在抓好辖区安全隐患排查治理工作，不断推进安全生产监管走实走深。为此，从三个方面深化安全生产监管工作。

其一，严密部署安全生产检查整治及隐患清零工作，出台检查方案，确保每一个乡镇、每一行业领域及每一个生产单位都包含在检查范围内。在检查上，全面检查、明察暗访、突击检查、重点抽查、跟踪检查和回头检查并举，实施拉网式检查，确保隐患无遗漏。此外，以问题为导向，针对检查出的隐患提出相应的整改方案及应对措施。

其二，组建危化、非煤矿山和重点工贸企业排查领导小组，排查各行业、各领域企业，做到严查近三年发生事故的单位；严查省、市、县挂牌督办重大隐患的单位；严查下达安全生产整改指令的单位；严查有群众举报的单位，等等。对排查出的安全隐患逐一落实整改措施，以保证所有“边角”无一疏漏。

其三，依托于安全生产综合治理三年行动专班，建立重点隐患整改督查组，确保企业按时完成整改，同时协调相关部门实施重点隐患治理督查工作。此外，建立重点隐患督查整改档案，将依法检查、督促落实整改等过程记录在案，作好汇总。对到期未完成整改的企业负责人进行约谈或处罚，拒不整改或整改无望的单位依法停产停业整顿，以最大的监督力度“揭短亮丑”。

强化安全监管是每一个生产企业的责任，所有企业都应积极开展诸如“大排查、大管控、大整治”以及“安全生产月”等活动，并通过组织全员观看安全生产警示宣教片、悬挂横幅标语等方式，在企业内部广泛深入地宣传安全生产，逐步提升并强化员工的安全生产意识，确保各项安全防范措施落实到位。

生产是否安全，企业最直接，基层最关键，所以企业和员工都要有“甘当铁匠硬碰硬，不做瓦匠和稀泥”的精神，对隐患和事故采取“零容忍”的态度，这样才能真正做到居安思危，体现监管的作用。

4. 克服侥幸心理，消除麻痹大意

“平时我都是这样操作的，这次也不可能出问题。”“偶尔一次没关系，天底下哪有那么凑巧的事儿？”很多员工在生产活动中存在这样的侥幸心理，他们常常因为嫌麻烦、不想耽误时间而选择“走捷径”，表面来看似乎省事儿了，可实际上却在不经意间埋下了安全隐患。

侥幸心理，几乎人人都有，它是一种不正常的心理反应，是指行为人为了达成个人目的，以及对自己的行为所要达到的结果盲目自信而存在的不负责任、放纵、投机的心理状态。侥幸心理体现在以下三个方面。

首先，认为小节无伤大雅，不会造成伤害。显然，这是一种错误认知，也是没有足够的安全生产意识的表现。其次，盲目攀比。不少员工会把眼睛放在别人身上，当看到他人违规违章且没有受到惩罚时，内心会极度不平衡，从而效仿他人，由此导致事故的发生。最后，错误地估计自己。个别员工会自视甚高，故意去做别人不敢做的事情，甚至会公然违反安全生产法律法规，继而引发事故。

这些方面，表明了存在侥幸心理的员工不能正确地看待安全与风险的关系，也就自然要为自己的行为付出相应的代价。

某工厂管理员在厂里做了十几年的安全管理工作，也目睹了很多厂里发生的事故，对于安全，他有太多的感触。他曾为很多新员工讲述这样一起事故。

这起事故发生在水泥电杆车间，事故发生的当晚，大家正在值夜班，一名电杆转运工人用起重机把电杆调到平板车上。这个环节具有一定的危险性，厂里对此有明确的安全操作规定：电杆转运时，严禁任何人站在平板车上作业。但是这名转运工人不以为意，他认为在平板车上的电杆已经垫好了固定装置，不会发生滚动，抱着这样的侥幸心理，他在平板车上进行吊装作业。电杆是一层一层向上垒的，当他往上层装电杆时，最下层的电杆突然出现了翻滚，他来不及躲闪，电杆直接压在了他的脚上。

被送到医院后，医生诊断他左脚足趾属于粉碎性骨折，不能治愈，只能截断。

在企业生产活动中，类似上述的事例并不少见，不少员工在事故未发生，或未发生在自己身上时往往心存侥幸，在工作中不提高警惕，直到祸事当头，他们才会悔不当初。

员工的安全没有侥幸可言，太多的鲜血和生命换来的教训已经告诉我们，安全生产工作绝不允许有一丝一毫的虚假，更不能心存半点侥幸，一时的大意就可能造成无法扭转的结果。

当一家企业有 300 个隐患或违章时，就必然要发生 29 次轻伤或故障，另外还会有一起重伤、死亡或重大事故，这一规律便是著名的“海因法则”。虽然这是经过实践验证的规律，但现实中，不少员工依旧不以为意，认为在 300 个隐患或违章中才有 29 次轻伤或故障，仅有的一次重伤、死亡或重大事故又怎么会那么碰巧发生在自己身上呢？

错误的思维必然会让人作出错误的选择，继而出现不好的结果。员工要及时消除这样的错误观念，不断强化安全意识和风险意识，将那 300 个隐患或违章一并扼杀在萌芽状态。

安全生产不是主观臆断，而是客观实际，要想实现安全生产就必须消除侥幸心理。人人都知道“不怕一万，就怕万一”的道理，可在具体的生产活动中，为什么我们很多员工就不能绷紧安全弦呢？我们从无数血淋淋的事例中已经知晓，一旦在思想上麻痹大意，心存侥幸，就会将自己置于危险境地。

一天，某厂的电器发生故障，一名电工对值班人员说："我马上去处理，20分钟后你就可以送电了。"值班人员觉得这样不妥当，也不安全，可那位电工却拍着胸脯说："不用担心，我处理这种事故至多就用10分钟。"拗不过电工的值班人员只好点头答应。

20分钟后，值班人员开始送电，之后便去检查设备运行情况。等他到了故障现场，却发现那名电工已经触电身亡。毫无疑问，当那名电工处理电器故障时，还没有完全处理好，值班人员便如约送电。该电工认为自己经验丰富，漠视了操作规程，抱着极大的侥幸心理，结果害了自己。而值班人员明知不妥，还是按照电工说的做了，也是导致事故发生的原因。

在安全问题上，侥幸心理是一个巨大的事故隐患。"如果当时……也就不会……"是不少人在出现安全问题后挂在嘴边的一句话，但这种假设并不存在，事故一旦发生，就没有后悔的余地，轻者会因违规被处罚，重者可能会失去生命。

侥幸心理如同安全大堤上的"蚁穴"，更是安全生产的"杀手"。"安全无小事"已经是老生常谈的话题，但每一名员工仍要时时处处讲安全、重安全、懂安全，任何时候都不能麻痹大意、掉以轻心，我行我素最终只会酿成大祸。

侥幸心理是一种信念的迷失，一旦形成习惯必然会导致严重的后果。那么，我们要如何克服侥幸心理呢？

首先，常怀敬畏之心。在生产活动中，我们要以"如履薄冰、如临深渊”的心态严抓安全生产工作，正确看待安全，对生命也要心怀尊重，因为安全不单单是个人的事，很多事例中的受害者往往是无辜者，毫不夸张地说，在安全生产中不尊重生命，无异于“亲手杀人”。同时，也要牢记“生命安全是不可逾越的红线，安全法律是必须坚守的底线”，时刻敲响安全警钟，剔除脑海中“大风大浪都闯过来了，小河沟绝不会翻船”的错误观念。

其次，抛弃经验主义。一些员工因为在一个岗位上工作久了，便认为自己掌握了所有事项及细节，因而不管遇到什么问题都凭借经验进行主观判断，然而事物永远处于发展和变化之中，即便每天都在做的事情也随时在发生着变化，所以只靠经验去解决问题最终会害人害己。

经验绝不能代替操作规程和管理制度，事故具有突发性和突变性的特点，依章而行才能有效避免事故的突发，才能筑牢生命安全防线，把安全风险降到最低。

再次，强化安全意识。作为员工，我们应该在思想深处树立起“生产再重重不过安全，金钱再贵贵不过生命”的积极观念，在工作中时刻以“99+1=0”的理念来要求自己，即99次重视生产安全，只有1次的疏忽就可能造成严重的后果，这样才能从思想上和行动上杜绝侥幸心理。

最后，脚踏实地，做好每一项工作。企业有关安全生产的每一项制度和规程都是经过长期的实践工作获得的，甚至是用很多血与泪换来的，意义和价值巨大。作为员工，必须实打实地依照规章制度做好每一项分内工作，这才是有效规避风险、保障安全的秘诀。

5. 重视在先，预防在前

事故隐患是安全生产的头号大敌。要想预防并杜绝事故，首先就要树立起“排患”意识，要重视一切安全隐患，做到提前预防和预警，把隐患消灭在摇篮之中。换句话说，事故不但可以预防，还可以避免，前提就是我们必须重视隐患，且要善于预防。

古语云：“凡事预则立，不预则废。”只要我们能做好预防工作，就能避开危险，确保安全生产。

在某个列车线路车间，安全员杨某在对其中一辆列车入库质量检查时发现：该车的转向架有一道 70 毫米的裂纹。10 天后，他在检查另一辆列车时也发现了同样的裂纹，这不禁让杨某产生了警觉：这样的裂纹在其他同类型列车上会不会也出现了呢？想到这些，杨某不敢有丝毫的怠慢，迅速通过车间客车管理系统调取出了 6 辆同类型列车的信息，逐一进行检查。

经过几天的排查，杨某果然在另外一辆列车上也发现了同样的裂纹。由此，他意识到了问题的严重性，加快了排查速度，又经过 10 天的努力，在其他 7 辆车底均发现了此类问题。

后来，在杨某的建议下，该市列车站对全部相同型号的列车进行了普查，更大范围地排除了此类安全隐患。

不难看出，杨某是一名称职的员工，这源于他对工作的认真负责，以及对安全隐患的重视，没有他的这份重视，或许列车当时不会出现什么问题，可时间一长，必将发生难以想象的安全事故。

虽说事故的发生各有原因，但事故发生之前都会或多或少、或明显或隐蔽地出现各种征兆，这便有赖于员工拥有强烈的责任心和安全风险意识，一旦发现事故苗头，能够马上擦亮双眼，主动排查、综合治理，才不会出现付出了生命的代价、有了血的教训才想起改进工作的情况。

员工在生产活动中要练就一双“火眼金睛”，及时发现事故征兆和苗头，要知道这些信号是预防事故的“缓冲”媒介，牢牢抓住就可以避免人身伤害和经济损失，若视而不见或漠不关心，是不可能将安全问题“止于未发、防于未然”的。

某煤矿曾发生这样一起瓦斯爆炸特别重大事故。当天，在煤矿井下共同作业的有36人，除了其中2人由于距离井口较近成功脱险之外，其余34人全部遇难。煤矿安全监察局对事故的原因做了详细调查。调查结果让人既震惊又意外，因为这场事故本来已经有了提前预警，完全可以避免伤亡，但当时的技术负责人没有对安全问题引起足够的重视，从而导致了惨案的发生。

原来，在事故发生之前的70分钟时间里，煤矿上的安全检测系统曾多次发出瓦斯浓度超标警告，最严重的一次警告显示，瓦斯浓度已经达到了1.72%，而且系统持续报警时间长达5分钟。对于瓦斯浓度超标的安全问题其实有相关的规定，煤矿井下的瓦斯浓度必须在1%以下才能实施正常作业，如果超过1%，必须立刻停电，全员撤出井下，什么时候瓦斯浓度恢复到1%以下才能恢复作业。

事故当天，值班调度员曾在系统上看到瓦斯超标浓度的警告，已经意识到了危险，所以没有片刻迟疑，立刻打电话给当时在井下的技术负责人，而这名负责人只是回复一句“我知道了”，没有把瓦斯爆炸的危险性放在心上，也就没有采取任何防范措施，更没有及时通知井下工人尽快撤出，最后造成了如此悲惨的事故。

事故之前有征兆，征兆之前有苗头。案例中的值班调度员履行了自己的职责，及时将危险警告传递给井下的技术负责人，后者却没有重视，也就自然不能做到事先预防，由此才导致了惨剧的发生。

员工身处生产一线，最熟悉作业现场的各种情况，所以应当发挥主观能动性，严查作业过程中的每道工序、每个细节，重视一切蛛丝马迹，不留任何安全死角，这样才能杜绝安全事故，保障人身安全。

安全隐患之所以有“隐患”之名，就是因为它具有隐蔽性的特点，且常常表现出安全状态这一假象，所以总是被人们忽视。事实上，如果我们仔细回忆曾经发生在自己周围或自己亲历的安全事故，就会意识到，很多事故在发生之前已经给了我们一些“提醒”，但我们常常会忽视这些“提醒”，让事故毫无阻挡地发生。所以，我们要重视这些“提醒”和“前兆”，并制定预防措施，从而排除隐患。

第二章

落实安全责任，严守安全底线

责任高于一切，责任重于泰山，安全责任大如天！只有担起责任、落实责任，才能从根本上保证安全；放弃责任、推卸责任，在履责时找借口、找理由，最终只会让安全堤坝崩溃。

1. 强化责任意识，筑起安全“防波堤”

我们每个人都是企业的一员，企业安全发展与我们息息相关，所以我们要在各自的工作岗位上落实责任，用实际行动来诠释“我的岗位我负责，我在岗位请放心”。

安全靠责任，责任则靠我们每个基层员工来落实，当我们能够强化安全意识、增强责任心，安全生产才有切实的保障。简单一句话：我们负起责任，就能够为安全保驾护航；反之，无论身处什么行业、什么岗位，一旦丢弃责任，安全的“防波堤”将瞬间崩塌，事故的发生也将在所难免。

某炼钢厂原材料运输车间二工段丙班皮带工小薛与本班工长老吴，一起清理4A皮带运输机尾部的落地料。当时，虽然皮带停转，但还没有切断机头操作箱内急停开关和事故拉线开关，他们便到皮带下方进行清理。清理好靠近头轮方向的间隔后，老吴便在皮带外侧把清理出的球团放到运输皮带上，小薛则继续清理靠近皮带尾轮的另一个间隔。

20分钟后，4A皮带即将运转，操作工小周用指令电话向现场喊了三次，然后开始启动。小周本以为一切准备就绪，殊不知安装在4A皮带头部、中部和尾部的喊话器中尾部喇叭受损，而且现场的小薛和老吴正专心干活儿，根本没听到喊话，启动的皮带一下子把小薛的头部和右手挤在了距离尾轮1.4米处的返皮带与下托辊之间。

事故发生后，小薛被紧急送往医院，后经抢救无效死亡。事后，在对此次事故进行分析时发现，小薛因为违章操作，缺乏基本的安全责任意识，在没有把机头操作箱开关开到零位或断开拉线开关的情况下，便贸然进入皮带下方进行清理，并且没有按照规定佩戴安全帽，是造成此次事故的主要原因。操作工小周在使用指令电话喊话之后，没有确认现场人员是否接收到信息，也是造成此次事故的一个主要原因。另外，工长老吴同样安全责任意识不强，没有认识到现场环境的危险源，在危险区域作业没有采取必要的安全措施，身为工长带头违章作业，监护不到位，是造成此次事故的重要原因。

安全责任意识，说起来很多人都不以为意，直到发生惨剧才后知后觉，而一旦在事故中有人丧命，再去追究责任也于事无补了，唯一能留下的只有惨痛的教训。因此，作为员工的我们必须要时刻明确自己的身份——安全生产的生力军，只有我们强化安全责任意识，才会减少甚至杜绝事故，才能确保安全生产。

控制事故的发生，责任至高无上，员工的生命安危和企业的财产安全都有赖于责任，有责任心的员工会用自己的行动、自己的安全知识守护他人和企业的安全，更会因具备安全意识而主动消除事故隐患，为企业这艘巨轮的乘风破浪保驾护航。

某矿安检员小周是一个恪尽职守、做事情一丝不苟的人。这一天，他像往常一样下井做安全生产检查工作，当他走到距离掘进头60米处时，突然发现巷道有一道钢带梁由于顶板下沉被压断，而且顶板出现了漏水现象，还伴有岩石的破碎声。

小周是一个经验丰富的安检员，他马上意识到这是一种危险的征兆，于是赶紧往里面走，查看具体情况。此时，在距离掘进头25米的地方，有9名工人正在对木棚进行加固，其中一名工人还在里面检修掘进机，另有5人在安装绞车。见状，小周边走边喊，让大家赶紧撤离。

大家都没有干完活，见小周大呼小叫的样子都有些不情愿，但小周有权力让他们撤离，于是大家都离开了，小周也马上把情况向井上做了汇报。约5分钟后，只听“轰、轰”几声巨响，发生了长7米、宽3米、高3米的大面积冒顶事故。大家一看，不由得惊呆了，马上跑到小周身旁，感谢他的“救命之恩”。

企业如同一台高速运转的机器，每个零部件出现问题都可能带来巨大的灾难，员工就好似这台机器的检修员，只有忠诚履职，强化安全责任意识，把注意力集中在“机器”的每个环节，才能查堵漏洞，不给安全留隐患。

危险无处不在。作为员工的我们，只有时刻把安全放在心上，敏锐地感知到危险，并设法避开危险，在工作中保持“举轻若重”的态度，才能为自己筑起安全“防波堤”。

2. 把责任担在身上，把安全放在心上

“在岗一分钟，安全六十秒”，这是作为员工的我们必须要做到的。提高岗位安全意识，把责任担在身上，也是一名合格员工鲜明的标志。在安全生产活动中，责任的意义不言而喻，承担责任是防范事故、保障安全的最佳方式。

裴永红是一名普通员工，也是一个受人尊敬的英雄，因为他以“一条手臂”的代价避免了一起后果不堪设想的事故，他也因此被人们称为“断臂哥”。

裴永红是湖南大唐电厂和中国石油一座大型油库铁路专用线上的“运行连接员”，每天都有大量的电煤和成品油经由干线铁路从这两家企业调出，他的岗位十分重要。油库内有几座巨型储油铁罐，附近还有4座大型火力发电机组。该地还是湖南人口密集、工商业经济十分发达的城市群能源中心之一，这些客观事实更要求运行连接员担起重大的安全责任。

一天，铁路专用场站驶入了一列油罐车，需要从8号车道改由6号车道倒入油库。此时的裴永红充当着火车的一只“眼睛”，时刻观察着火车的运行情况，并要为火车司机传达实时路况。然而，就在列车慢慢地靠近目标点时，裴永红突然从车上掉了下来。

当时，裴永红手里拿着的对讲机失去了信号，好在列车挨着工班值班室，所以他打算换一台对讲机与司机保持联系。不料，当时恰逢雨天，地面湿滑，身穿雨衣的裴永红一下摔倒在地，仰面朝天。此刻火车车轮把他摊在铁轨上的右臂从肩膀以下20厘米左右的地方压断。

看着自己的右臂与身体分离、鲜血喷溅的场景，裴永红顾不得疼痛，用左手使劲压住动脉血管，然后冲向值班室拿起一台对讲机，叫停了油罐列车。列车的副驾驶以及信号塔台的工作人员通过对讲机听到了裴永红声嘶力竭的呼喊。要知道，如果列车不及时刹停，继续行驶，就会与6号车道驶来的列车相撞，发生严重事故。裴永红在危急关头表现出来的超人勇气和高度的责任心，避免了一场事故的发生。

后来，被送到医院，躺在病床上的裴永红说：“压断了手我疼啊，但油罐车还在走，不停下来会出大问题，我必须尽到自己的责任。”

以责任为重、以责任为先，这份担当精神在裴永红的身上体现得淋漓尽致。

安全从不是一个人的问题，而是所有个体都联结在一起，形成的一张错综复杂的网。在日常工作和生产活动中，人人都要讲安全，因为只有人人负责，用心排查安全隐患，才能最大程度避免事故的发生。

3. 履责无借口，安全有保障

西点军校有一个著名的行为准则：没有任何借口。它要求每一位学员都要想尽办法完成每一项任务，绝不能为没有完成任务寻找借口，即便是看似合理的借口。在安全生产活动中，“没有任何借口”同样有它独特的意义。

在一些企业中，有些员工习惯性地为自己的失职、失责找借口，以此来逃避责任和处罚，当一次两次因为借口免遭责罚后，便可能心存侥幸，此后一接到任务，首先想到的是找什么样的借口为自己不能圆满完成开脱，而不是忠诚履职、尽心尽力，这样的员工很可能在工作中埋下安全隐患，为他人和企业带来难以预料的伤害。

因此，对我们每个人来说，无论身处何种岗位，牢记自己的安全责任是分内之事，责无旁贷，这才是对自己的工作和生命负责的表现。在安全工作中必须把“没有任何借口”根植于心，懂得“安全工作重于泰山”的道理，并以最高标准、最严要求落实安全保障措施，避免为事故的发生提供温床。

某炼铁厂发生了一起因控制人员脱岗、操作错误，导致8名检修人员2死4伤的事故。

事发当天，2号高炉处于正常生产状态，小胡和小刘是当班人员。当天下午4时许，炉前工通知放渣结束，要求停两台冲渣泵。因为当班的小刘没有在岗，所以小胡走到操作台进行停泵操作，可他并没有观察仪表盘上显示的地下贮水池的水位，更没有查看过滤池阀门开关位置，只是习惯性地扳动了3个返洗阀开关。不料，这一习惯性操作使得地下贮水池的水温达到了82℃，并顺着500毫米粗的管道朝过滤池上返。

这时，距离冲渣室100米的6号过滤池内，正有一支检修队在作业。当时队长孙某带着7名检修人员在过滤池内疏通6号过滤池底钢板的渗水孔。

很快，检修队长孙某发现了钢板下的异样，看到了热水随着蒸汽往上冒，便派了一名检修人员去冲渣室通知停泵。这名员工快速跑到冲渣室，对着小胡大喊：“赶快停泵，6号过滤池返水了。”

小胡一听，不禁有些紧张，他知道班长前一天已经交代今天要配合检修计划，可并未引起重视，嘴里边说着“没事儿、没事儿”，边跑到控制台前按了两个控制钮，就让那名检修人员回去了。但是，这两个按钮并不是控制6号过滤池的，慌乱之间，他反倒又打开了一个返洗阀，使得返水量更大了。

那名检修人员还没有回到现场，另一名同事又跑来说：“水没有退下去，已经没脚脖子了！”小胡老远就听到了同事的说话声，慌乱之间，他更找不到断水阀门了，转身便冲出冲渣室，漫无目的地寻找小刘。

等找到小刘已经是8分钟之后，在这几分钟时间里，8名检修人员2死4伤，令人唏嘘。造成了如此严重的事故，小刘却找借口说自己脱岗是因为生病肚子疼，去上厕所了。小胡则找借口推卸责任，说自己是因为想帮忙才出了错，按错了开关。两个人都在极力为自己辩护。

无论如何，绝不能把“安全意味着生命”当成儿戏和笑谈，更要杜绝找任何借口，要始终奉行安全第一的理念。

在安全问题上，作为员工的我们应该体现出一种执行力、一种服从态度和敬业的精神，这样才能在做任何工作时都以“没有借口”为前提和标准，从而在安全的基础上尽善尽美地完成工作。

某生产木质家具的企业为了提升员工的安全意识，特地找来安全生产方面的专业人士到厂里检查安全生产情况。

检查人员在细致检查的过程中发现，这家企业的安全管理存在诸多问题，车间地面、墙壁和电器布满灰尘，经询问得知已经连续三个班次都没有清理打扫了。对此，安全管理人员的说法是：“这几天的任务既着急又重要，人手严重不足。”

检查人员又发现车间内的很多员工都未按规定佩戴劳保用品，车间负责人则说：“现在天气太热，大家都不愿意佩戴，况且不佩戴也从来没有发生过什么问题。”

在之后的检查中，只要发现一个问题，企业的安全管理人员就会站出来做出“合理解释”，可那些解释都是他们不重视安全的借口。

最后，检查人员在企业组织的全员安全会议上说：“车间内做不到及时的清扫和整理，会为安全埋下重大隐患，因为那些属于涉爆粉尘，极具危险性；个人佩戴劳保用品是规定，更是对自己生命负责的表现。至于其他在检查中指出的安全漏洞和隐患，也都要按照我们出具的停产治理细则，逐一消除，这样才能让安全有保障，为企业的发展保驾护航。”

从这个案例中可以看出，该企业的安全管理人员缺乏一种积极的心态，所以他们才会在检查人员提出问题时给出看似恰当实则并不合理的说法，这些说法只是他们为漠视安全所找的借口。

要想真正做到安全工作万无一失，就不能在履行职责上找借口，要积极并勇敢地承担起安全责任，把安全放在心上、握在手里，付诸行动，落到实处，才会有效防范各种安全事故。

4. 尽职尽责，让事故无处藏身

尽职尽责是做好本职工作的根本，也是每一名员工实现自我价值的最佳方式。在安全生产活动中，尽职尽责更是对自己负责、对他人负责、对企业负责的前提和基础。一个对待工作尽职尽责的人，绝不会擅离职守、忽视责任，他会主动担责，调动所有的力量去排查每一个安全漏洞和隐患。

管理学家认为，责任首先是员工的一份工作宣言。在这份宣言中，员工的态度和高度的责任感会得到充分的展现，从而确保安全有效地完成工作。因此，责任与安全紧密相连。

社会安定祥和，企业发展平稳有序，需要每个人负起自己的责任，尽职尽责地站好自己的那班岗，倘若不负责任，甚至玩忽职守，后果将不堪设想。

某钻井在起钻时突然发生井喷，含有硫化氢的气体从钻井内喷出30多米高，不受控制的有毒气体瞬间向四周扩散，在短时间内发生大面积灾害。该井喷事故波及28个村庄，其中有两个村受损严重，不少村民还没有逃离便被毒气夺去了生命。

事故发生后，经有关部门调查发现，事故是多种原因导致的。

一是当时钻井现场技术服务组正在监测钻井作业，地面监测仪却突然收不到井下测斜仪发出的信号了，于是钻井现场技术服务组负责人王某在重新制定钻具组合时，违反规定，私自将原钻具组合中的回压阀防井喷装置卸下。而钻井队负责安全防护的宋某明知王某的做法违规，还依然按照他的决定让人填写了作业计划书，并宣布卸下回压阀的指令。

二是司钻向某带人开展起钻作业时也违规操作，按规定每起出3柱钻杆就要灌满钻井液，可他们却起出了6柱钻杆才灌一次钻井液，使得井下液柱压力下降，这也是产生溢流并导致井喷的一个主要原因。

三是录井员肖某本应该严格把关，监控钻柱数量和钻井液灌入量，但他却不履行职责，忽视了一系列违章行为，甚至在发现后也没有马上向当班的司钻汇报，导致安全隐患没能及时排除。

此外，作为钻井队队长、井队井控工作第一责任人吴某同样难辞其咎，他明知王某卸下回压阀不符合规定，却没有按规定参加班前会、编写审查班报表，让这一漏洞始终隐藏在暗处。之后在补签当天的班报表时，他既不要求整改，也不及时上报。

事故发生后，吴某没安排专人监视井口喷势、检测空气中硫化氢的含量，所以无法提供准确的点火时机、控制有害气体的进一步扩散等数据及资料。

不难看出，在这起事故中，几名管理人员都没能履行自己的岗位职责，一线作业工人也同样没有做到尽职尽责，每个人都出现小“过失”，最终由小变大，演变成一起大事故。

员工的责任心越强，企业的内耗就越低，效益就越高。相反，一个企业中的所有员工都做不到尽职尽责，对安全问题置若罔闻，企业还何谈安全与发展呢？放弃对安全的责任，就等于放弃了对自己的责任、对企业的责任，乃至于对社会的责任，且更意味着放弃了自身在这个社会之中生产和发展的机会。

拥有一份责任心，认真履行岗位职责，在工作中就不会疏忽，更不会为安全隐患提供滋长的“温床”。

某大型滑雪娱乐公司修理工卢亮（化名）爱岗敬业，勤奋务实，且对待工作认真负责。正是他的这份尽职尽责，避免了一起严重事故。

该公司引进了人工造雪机，是业内首个可以在坡地造雪的企业。一天夜里，卢亮像往常一样外出巡视，突然看到一台造雪机喷出的不是雪而是水。根据自己的经验，他知道出现这种现象是因为造雪机的水量控制开关与水泵水压开关不协调导致的。他赶紧跑到水泵坑附近，借助手电的亮光一看，发现原来坑里的水几乎要到动力电源的开关口了。情况紧急，若不采取应对措施，很快会发生动力电缆短路的故障。而一旦出现这种故障，既会给公司造成巨大损失，又可能造成不必要的人员伤亡。

想到这些，卢亮不顾个人安危，马上跳进水泵坑，控制住了水泵阀门，避免了有水溢出。接着，他想方设法将坑里的水全部排出，并再次启动了造雪机。

同事们闻讯赶来时，卢亮已经处理好了所有问题，可他由于长时间在冷水中工作，冻得几乎不能走路了。公司领导赶紧派人将卢亮送往医院。待卢亮身体恢复如初后，马上被提升为公司安全主管，负责公司的安全事务。

具有安全责任的员工如同工作的“保险丝”，能够有效防范隐藏在工作中的各种安全隐患，从而确保生产安全、自身安全、他人安全、企业安全。

5. 提升风险辨识力，让安全责任落地

电视专题片《生命重于泰山》中有这样一句令人警醒的解说词：“安全生产领域的这些风险并不可怕，可怕的是对这些风险缺乏辨识和认知，甚至麻木。”安全问题无小事，在日常生产活动中，如果做不到“万无一失”，紧要关头便会“一失万无”。因此，我们要在头脑中树立安全发展理念，守住安全生产底线，不轻易放过工作中的每一个细节，由此便会在落实安全责任的同时提升自我辨识风险的能力。

很多时候，我们缺乏辨识风险能力的关键就在于责任心不强、安全意识薄弱，一提起安全便不耐烦地摆摆手，说那是“老套的话题，尽人皆知”，甚至会排斥企业或相关部门的安全检查。

“安全”二字说起来简单，做起来却不容易，因为很多人都有马虎的缺点，这会让人辨识风险的能力下降，甚至于对摆在面前的危险也视

而不见。归根结底，这种能力的下降仍然是由安全生产责任落实不到位造成的，简单说，“责任重于泰山”的观念未根植于心，所以很难预防并消除事故。

一家食品厂因扩大生产，需要自建冷库，厂长要求负责采购的孙经理定做冷库中盛放货物的货架。

孙经理觉得这件事很简单，认为只要按照空库的空间量好尺寸，再找附近焊制钢架的地方定做就可以了，因此他没有找专业的技术人员详细计算货架的承重量，更没有严格要求钢管的质量和工艺，只是随便找了附近一家钢材营业部直接下单制作。

货架做好后，厂长问孙经理：“这个货架够结实吗，用不用测试一下?”孙经理胸有成竹地说：“这个没问题，我比较了解钢材，底部能支撑住就可以了。而且这用的是比较好的钢材，肯定结实。”听孙经理这么说，厂长也没找技术人员测试，直接让员工把几十万斤的蔬菜摆放在货架上。

这天中午，只听“哗啦”一声，大家跑过去一看，蔬菜全部滑落到了地面上，原来是一排货架的钢管因承重过量而倒塌，幸运的是当时没有员工站在货架下面工作，否则肯定会被压伤。

厂长正在办公室，听了员工的报告，赶紧跑到冷库里，这时孙经理也来到冷库，厂长让孙经理赶紧想办法加固，不要发生类似的事件。厂长走后，孙经理仍是一副无所谓的表情，不认为这件事情有多严重，觉得无非是重新做个货架，另外让员工不要把蔬菜堆得太满就行了。所以，他并没有采取任何加固措施。

没过几天，正当员工们往货架上卸货时，靠着中间的货架突然倒塌，有几名员工在货架下面摆货，一时间躲闪不及，被重重地压在了货架下面。这次事故导致1人身亡，3人受重伤。

从上述案例中可以看出，孙经理缺乏必要的安全风险意识，甚至可以说毫无风险辨识力，明明发生过一次货架倒塌事件，他却仍然不引起重视，还是敷衍了事；此外，厂长也同样不够重视安全，在最初货架做好后本想由技术人员做测试，可却只凭孙经理的一句话便打消了测试念头，更在发生第一次倒塌事件后，只象征性地让孙经理做加固，并未跟进或换人负责，也同样要为这起事故承担相应的责任。归根结底，安全责任意识淡薄是引发这起事故的直接原因。

在安全生产活动中，作为员工的我们应把安全责任作为终生的追求，尽职尽责地对待自己的工作，对安全做到忘我的坚守，时刻重视安全，自觉按照生产安全操作规程开展工作，真正做到思想不放松、操作不违章，增强辨识风险能力，让安全责任真正落到实处、起到作用，从而拨开“隐患”的迷雾，看到“安全”的光明。

邯郸线棒材厂高线车间丙班作业长王红军对组员们说：“我们天天讲安全、说安全，可为什么还是经常有事故在我们身边发生呢？我认为应该打破常规，引入新的工作思路与方法，将安全责任根植于每一名员工的心中。”

以这种思想意识为主导，王红军把“轮值安全员”制度引入班组，要求全员轮流做班组的安全管理员，负责各项生产的安全工作，并要检查工作中各项规定是否落实到位、组员的安全防护用品是否完好等，真正把“我要安全、我会安全”的理念渗透到日常工作中，最大限度地消除了各种不安全因素。

此外，王红军在班前班后会上积极开展学规程、背规程、用规程活动，让全员都明白家人和企业对自己的要求和期许，认识到幸福与安全的关系，实实在在地做到了规范组员行为和提高自我安全意识。

同时，还积极开展安全演讲活动，着力提升组员的个人安全自保意识和互保意识，及时纠正组员的麻痹心理、侥幸心理。经过他的这番治理，丙班全员面貌焕然一新，真正实现了“人人都是安全员”的目标。

安全责任的落实为提升辨识风险的能力奠定了坚实的基础，而落实安全责任靠的是全体员工的忠于职守、尽职尽责，不能做到“在其位谋其政、在其岗负其责”，不能把安全责任贯穿于工作中的每时每刻、每分每秒，是断然无法保障安全的，也就不可能拒事故于千里之外。

6. 安全至上，当好“第一责任人”

遵守安全生产法，当好第一责任人。任何一个企业要想在安全生产上阔步向前，就有必要让员工人人都是安全生产的负责人，即当好“第一责任人”，这样才会强化员工的主人翁意识，让员工真正把企业当成“家”，守护好“家”的一切。

作为员工的我们要想当好“第一责任人”，就必须要积极主动地参与到日常的安全管理中，更多地在安全生产方面献计献策，提出合理化建议；工作中也要认真做好安全巡检，看到不安全行为要及时制止，不怕得罪人，敢于担当责任；同时也要善于将安全生产的各项法律规定与日常经营管理有机结合，切勿产生“法律法规是领导才要记住的”错误思想，既然要当好“第一责任人”，我们就应该主动学习关于安全生产的一切法律法规，拒当“莽夫”，这样才能更好地做好安全工作，将“发展要安全”的企业发展大方针落到实处。

从企业的安全生产实践来看，要想抓好安全生产，单靠几个领导、几个管理人员远远不够，每名员工都应该是保证安全生产的“最佳人选”。企业要着力培养各个岗位的员工具备当好“第一责任人”的素质和能力，员工自身更要具备主人翁意识，明确自己“既是生产安全事故的受害者，又是生产安全事故的行为人”的角色，共同为企业的安全生产献计出力，形成全员上阵、齐抓安全的局面，这才会大大地提升企业安全生产的可靠系数。

安全工作从来都不是孤立的，当好“第一责任人”更不能只靠嘴上说说，要真正奉行“安全至上”的原则，认识到安全责任靠的是全员的担当。

某企业的一名仓库保管员值夜班时违规酗酒，沉沉地睡了过去。当天晚上车间主任正好路过仓库，恰好发现了这位鼾声如雷的保管员。车间主任顿时大发雷霆，呵斥道：“你正在当班，睡觉就不说了，居然违反规定喝酒！如果出现火灾和盗窃事件，谁来负责？”

仓库保管员睁开惺忪的双眼，借着酒劲儿大声喊道：“能出什么事儿？真要出事了，我负责！”

当时周围漆黑一片，他的声音响彻四周，尤其是那句“我负责”真如豪言壮语一般。可是，如果真的出了问题，他能担得起责任吗？倘若真的发生火灾或盗窃，便会造成连锁反应：生产部门会因不能及时供给物料而无法正常生产、销售部门也会因产品不能产出而违约、财务部门则会因销售部门的违约而不能按计划收回应收款项……这一连串的责任他难道真可以担得起吗？

后来，这名仓库保管员在全体员工大会上被公开批评，当车间主任和其他负责人将其中的利害对他一一道明时，他才恍然大悟，认识到了自己的错误，此后再也没有发生过类似事件。

这名仓库保管员显然没有资格成为企业的“第一责任人”，因为他根本没有把企业的安全放在心上，那句“我负责”在后续的一连串“假设”的连锁反应中显得苍白无力。因此，要想当好安全生产的“第一责任人”，首先要提高自己的认识，提升自己的行动自觉性，没有这些作为基础，是绝不能做好安全生产工作的，也自然当不了“第一责任人”。

邱金泉本是一名汽车兵，退伍后成了一名客运大巴司机，如今，他的实际驾龄已有 32 年，安全行驶了 252 万公里，相当于沿着赤道绕地球 63 圈。不过，邱金泉仍然不满足于此，他说：“杭州有个大巴司机安全行驶 300 万公里以上，虽然我不一定能超越他，但我希望在我的职业生涯中，能够一直安全行驶。”

邱金泉每年可以行驶 12 万公里，要想突破 300 万公里也不是不可能。不过，在设定高目标的同时，他更重视的是安全行驶，“安全”二字在他开始摸到方向盘时就已经深深地印刻在了心上。

怎样才能把车开好，邱金泉有自己的心得体会：首先要放松心态，保持充足的睡眠；其次必须遵规守矩，坚持中速行驶；最后要不断学习，提升技术。当车子发生小故障时，邱金泉从不让车“带病”行驶，他宁愿让乘客多等几分钟也绝不上路。

一次，邱金泉照例开着大巴驶往宁波方向，当天大雨倾盆，他刚把大巴开上高速公路，就发现油门好像出现了故障，反应没那么灵敏了，于是他马上降低车速，将其停靠在路边。后来他回忆说：“检查后发现是雨刮器坏了，影响了油门，问题虽然不是很大，但从安全的角度出发，我跟乘客商量后，决定还是返回车站，重新换了一辆大巴。”

之后，邱金泉更是把情况反映给公司，提出雨刮器存在质量问题，这引起了上级领导的重视。经过细致检查，发现这批车辆的材料果然存在问题。汽车厂商也意识到了问题的严重性，后来还特地为邱金泉送去锦旗，表达对他的感谢。

案例中邱金泉的表现，称得上是一名合格的“第一责任人”，因为他每时每刻都把安全摆在首位，绝不忽视任何安全隐患，同时他把自己的“个性问题”变成“共性问题”，使得公司及时发现了整批车辆存在的安全隐患，由此消除了潜在风险。

显而易见，把安全放在心头是做好“第一责任人”的前提和基础，我们要在工作中谨小慎微，绝不要因为平时看惯了、做惯了，就对安全隐患不重视，甚至视而不见，这是明知可能会产生安全风险而不采取任何应对措施的表现，更是没有责任心的表现，有这种表现自然不可能当好“第一责任人”。

那么，哪些措施可以促进我们当好“第一责任人”呢？

首先，加强业务知识的学习。作为员工，我们应多学、多看与安全生产相关的法律法规，认识各种类型的事故及因此造成的伤害、后果，了解消除安全隐患的好处等，帮助我们提升安全意识。

其次，真正把企业当成“家”。没有什么比“主人翁意识”更有助于安全生产，因为只有我们真正把企业当成“家”，才会为了这个

“家”积极付出，并尽全力消除一切可能危害“家”安全的因素，如此也才能真正成为“家”的一分子，处处站在“家”的角度看待问题。

最后，明确自身岗位职责。严格按照标准和规程做好自己的分内事，扎实工作，成为岗位上的能手，甚至是“多面手”，就更能为安全保驾护航。

当好“第一责任人”，也要有“我为人人、人人为我”的心态，并以一家人、一条心、一起干的大局观，实现安全认识上的同频共振，始终保持一致的安全步调，真正做到保证自己、保证他人、保证企业的安全。

第三章

制定安全制度，扫除安全隐患

制度是约束、节制人们行为活动的尺度，在生产活动中，制度更有其特殊的意义。每个岗位都有各自的制度，严守这些制度才能为安全保驾护航，才能从根本上消除违章违纪，扫除安全隐患，确保员工的生命安全和企业的财产安全。

1. 有制度，安全管理才有章法

安全制度是维系企业安全发展的重要保障，一旦确定了制度，就必须严格执行。可以说，没有制度就没有安全，安全制度是安全生产的防护网，要想保证人员和生产的安全，就要有健全可行的规章制度，这样才不会让安全工作出现漏洞，才能做好安全管理。

无规矩不成方圆。制度就是企业的“规矩”。当所有人都能共同遵守统一的制度和准则，很多未暴露、处于萌芽状态的问题就会被挖掘出来，很多安全事故就会变得可控。

山东金阳矿业集团有限公司采煤二区班组长李兴木，自担任采煤班班组长以来，始终认真落实安全生产工作，并带领班组成员积极落实“安全第一、预防为主、综合治理”的安全生产方针，从根源上杜绝安全事故，实现安全生产 13 年，共计安全采煤 123 万吨。

李兴木始终把安全第一的理念摆在心头，严格遵守安全管理制度，绝不在存在安全风险和隐患的情况下开展生产。十几年时间里，他不但个人从未有过违章，还积极帮助班组成员和其他工友提升安全意识。十多年来，他带领的班组工程质量全部达到优良品，既保证了安全，又保证了效益，更增加了班组成员的个人收入。

他每天开完班前会、抵达井下现场后，都会细致检查采面的安全情况，确保无风险后才开展工作。交班时，他也会认真复查，及时处理问题，不让问题遗留到下一个环节。正是得益于如此科学、严谨的安全管理制度，很多原本会引发各种类型安全事故的隐患都被一一消除在萌芽状态，也使安全生产的各项规章制度都得到了很好的落实。

企业的安全生产制度是全体员工应共同遵守的“行为准则”，每名员工都要按照一定的规定和规范办事，不得有丝毫偏差和违反，因为任何一次疏忽大意都会为安全事故埋下隐患，成为悲剧的伏笔。

一般来说，安全生产制度包括安全生产责任体系、安全管理制度、各工种及岗位安全操作规程和事故应急预案等。它们都是为了安全管理有章有序，杜绝或减少安全事故制定的。

安全生产责任体系包括各级领导的安全生产职责、职能部门的安全生产职责、专职机构的安全生产职责以及一线工人的安全生产职责。

有关安全的各种制度都是员工行动的规范和准则，也是现代化生产所必备的，企业建立健全科学的规章制度才能有序完成目标，实现发展的目的。一线生产人员长期做一种工作，对工作流程格外熟悉，所以容易出现不按规程和制度办事的情况，完全凭经验、靠感觉，这便很容易引发安全事故。我们从很多安全事故报告中也可以发现这一点，不少员工正是因为不能落实安全制度，才导致安全“脱轨”。

一天夜里，某矿一车间乙班班组3号电机车正司机廖某和副司机于某，根据车间调度安排去3号铲进行剥岩作业。5分钟后，3号电机车去往东边的剥岩场，在行进途中，750伏的直流电将3号电机车的受电弓刮坏了，电机车停了下来。

于某见状，便给车间调度打电话，要求立即停电，就在这个空当儿，廖某却自作主张，在车间调度室没有明确回应的情况下戴着帆布手套、拿着绝缘棒爬到了电机车的棚顶。当时他左手撑着电机车顶棚的边沿，右手试图拉弓子。不料，他刚一举起绝缘棒便发生触电，从电机车顶棚直接摔到了地面。

于某一看，大事不好，赶紧跑到廖某身边试着唤醒他，并为他做心肺复苏，又急忙给车间调度打电话报告情况。廖某很快被送往矿上的医院进行抢救，然而最终却因抢救无效死亡。

案例中的惨剧并不少见，不遵守规章制度、擅自行动的员工也不在少数，我们已经看到过不计其数因违反安全制度而产生严重后果的事例，可很多人仍然没有认识到安全的重要性，仍然视制度为无物，直到安全事故发生在自己身上时才会后悔不迭。所以在工作中必须养成严守规章制度的好习惯，这样才能保障安全，让企业的安全管理工作顺利开展。

任何一个机制的运行都不是单靠某个人就能完成的，它需要每一名员工的积极配合才能达到完美效果。安全生产也是这样，只有全体员工都能坚定不移地遵守规章制度，才会让安全生产有保证，才不会出现因一个人的懈怠而付出沉重代价的情况。

另外，在安全制度的制定上，不妨遵从“多、全、细”原则，尽量涵盖安全生产的各个方面，这会让员工的每一步行动都有据可依、有章可循，从而为消除安全隐患提供坚实的理论基础。

2. 操作有规程，安全工作有保障

为确保安全生产，每个企业都会制定相应的安全操作规程，通过学习这样的规程，员工会明确企业的生产性质、机器设备特点和技术要求等，只有在工作中谨守操作规程，才能最大限度地避免伤亡事故。

操作规程是科学检验的结果，是以无数的生命代价和事故总结换来的，所以在执行操作规程时绝不能忽视任何一个环节，否则就会引发安全事故，造成无法挽回的损失。

某化工公司有3台电炉正在运行，值班人员在巡查时突然发现，2号电炉的高压室出现异常声音，便上前进一步确认，原来声音是电流互感器发出的。这个电流互感器距离地面有2.5米高，有35千伏的高电压。值班人员马上返回把异常情况汇报给班长。

班长听了值班人员的汇报，立刻赶去电炉查看，值班人员尾随其后。班长来到2号电炉的高压室，一个人爬上电流互感器的支架。此时，高压室的光线很暗，班长便让值班人员去打开灯，值班人员转身去开灯，但忽然听到班长一声惨叫，只见班长被吸到了电流互感器的铝排上。

原来，班长经过变压器房的时候只是关闭了变压器排风扇的开关，并没有将电流互感器停电，爬上铁架后，他不顾安全，直接用手去触碰电流互感器想看看情况，这是严重的违规行为。

值班人员见此情景马上跑到电炉配电室，让配电工停电。停电后，班长从支架上跌落下来，着地时头部还撞在了水泥板上，伤势较重。现场人员赶紧将班长送到医院，经过一番紧急抢救才侥幸挽回性命。

案例中的班长自以为是，忽视了重要的操作步骤，这是无视个人生命安全和企业财产安全的行为。

按照规程操作，既是严格执行“标准化安全作业程序”，也是建立正常生产秩序的重要手段。

标准化作业是按照规程操作，在一定的模式化、程序化的操作下，最大限度地避免随意简化工作步骤所造成的安全漏洞，防止因考虑不周造成的“返工”，或避免因不必要的步骤埋下的安全隐患，增加工作的安全可靠度。

标准化安全作业主要有以下几方面的作用。

第一，它可以将复杂的管理与程序化作业有机地融为一体，使得管理有章法、工作有程序、动作有标准。

第二，它可以优化当前推行的作业方法，改变员工不良的作业习惯，让全体员工都能以安全、省力和统一的标准开展作业。

第三，它可以让安全规章制度具体化。

第四，它产生的效益不局限于安全方面，更会对企业管理水平的提升提供助力，并进一步提升企业经济效益。

某矿采矿班风钻工卢某，在星期六晚上正常上夜班。到岗后，开完班前安全会，他便进入了工作状态。卢某第二天要与女友见面，所以心里美滋滋的，干起活儿来也非常卖力。

当打完一处的炮眼后，卢某听说当晚夜班只有一名爆破工，却要放5个硐室的炮，这样一来下班时间肯定要推迟，影响第二天与女友的见面。为了尽快完成工作，卢某决定帮一下爆破工徐某的忙。

卢某找到徐某，要了雷管和炸药，独自一人去了一处硐室内填塞雷管和炸药。装药完毕后，他拿出打火机直接点炮，9根导火索一并烧着。之后，就听炮一个个响了，卢某还没来得及撤离硐室，就被炸起来的飞石打倒在地。

第二天早上7点30分，准备下夜班的工友不见卢某的影子，便马上进硐室里寻找，结果发现卢某已经被打伤。大家赶紧将卢某送往医院进行抢救，可由于卢某头部伤势严重，在送往矿医院的途中死亡，年仅20岁。

风钻工干了爆破工的工作，这是严重违反操作规程的行为，而且他还违反了“禁用明火点炮”的安全规定，同时还是在没有安全监护人的前提下独自一人在硐室内装药、放炮。种种不安全行为导致了惨剧的发生。

安全规程是一种硬约束，是每个岗位、每个工种、每项作业不可逾越的“红线”。然而我们中间的很多人在日常作业中常常图省事，怎么顺手、怎么方便就怎么干，一次两次可能不会出什么问题，但安全隐患却就此埋下，因此我们一定要时刻把安全警言中那句振聋发聩的“警句”放在心头：安全规程血写成，不必再用血验证。

3. 遵守岗位责任制，人人都是“安全员”

安全生产工作涉及企业生产经营的各个方面、环节和岗位，所以企业应该根据各岗位的特点和工作内容，以“一岗双责”为标准、以“管业务必须管安全、管生产经营必须管安全”为原则，建立涵盖所有管理及操作岗位的安全生产责任制，让全体成员都明确自己在安全生产方面应当承担的责任，从而有效保障安全，发生安全事故后也能做到责任到人。

要想保证人员的安全、岗位的安全，就必须遵章守纪，严格落实岗位安全责任制，按照岗位安全规程开展工作，坚决不违反岗位职责。

在某企业的热处理班组曾发生这样一起事故，在开炉之前，员工王某进入炉内进行炉丝检查，班长秦某当时并不知道

王某在炉内，直接下令开炉。企业安全管理规定中有严格的操作规范，不管是谁，一定要在确认炉内没有人且各方面都安全的情况下才能开炉。然而，秦某为了赶进度，忽视了安全要求，没有严格遵从操作规范，更没能履行自己的岗位职责依章而行，而是直接让另一名员工赵某开炉。

赵某接到班长的开炉指令后，同样也忽视了自己的岗位职责，没有照例检查炉内情况，直接关闭炉门点火开炉。王某在炉门紧闭的情况下，无法从里面自己打开炉门，很快，几百度甚至上千度的高温导致他在炉内死亡。

很多惨痛的事故都是在发生之后才会让当局者警醒，可是为时已晚，酿成的惨剧无法逆转，因此我们必须要严守岗位职责，照章办事，这样才能由下至上、由内而外地形成一个严密、高效、安全的责任管理体系，保证自身和他人的生命安全，以及企业的财产安全。

4. 加强安全监管，堵住事故之门

“管生产必须管安全”，人的行为活动只有符合安全的客观规律，才能保障安全。然而，人对自由的追求又决定了在没有约束的条件下，很难做到自律和自制，由此监督管理制度的出现就显得意义重大。

制定并严格落实安全监管制度，是降低个人行为随意性，堵住事故之门的有效方式。员工要在脑海中树立“安全高于一切”的思想，不断增强安全意识和安全防护能力，最大限度地减少伤亡事故的发生，以保证生产的顺利进行。

很多时候，事故发生前的各种苗头向我们传递了“信号”，可是因为缺乏必要的安全监管制度，或监督管理不严，我们对这些“信号”视而不见，最终导致灾难的发生。

某地曾发生一起因贸然下舱，导致沼气中毒身亡的事故。当时，船主曾某买了一条旧渔船，想将渔船设施做了一番整改。事发当天，曾某让几名渔工来清理甲板下舱。

几名渔工打开舱盖后，马上闻到了一股刺鼻的霉味，不过他们并没有放在心上，也没有做任何防护措施便直接下舱了。第一个下去的渔工刚走到船底便感到一阵眩晕，直接倒在了渔网堆上。第二个下去的渔工见状，赶忙去拉倒下的同伴，可还没等拉起，自己也倒在了地上。另外几人见势不妙，赶紧上来拨打了急救电话。在等待的时间里，第二个渔工的弟弟见哥哥倒在下面，不顾船主和旁人阻拦跳下去救人，但最后三个人都没有上来。等救护车赶到时，舱里的三个人都已经中毒身亡了。

经调查得知，这条旧渔船由于长期无人使用，底舱堆满了大量用过的水下养殖网具，上面还长满了贝类海藻，产生了大量沼气。渔工们没有事先做好防护，也未检测气体浓度便贸然下舱，最终导致了中毒事故的发生。

当我们忽视危险时，危险就会主动找上门来。案例中的渔工在打开舱盖后已经闻到了刺鼻的气味，却没有重视，这是他们忽视危险的表现，更是导致下舱后中毒的主要原因。第三名渔工明知事态严重，却一意孤行，弃安全于不顾，由此搭上了性命。再则，船主在这起事故中也负有相应的责任，即他没有起到必要的监管作用，且在第一个渔工倒下后没有及时制止第二名渔工的行为，从而导致三个渔工中毒身亡。

惨剧的发生往往在眨眼之间，所以必须建立健全完善的安全监管制度，为安全护航、为生命保驾，从根本上堵住事故之门。

某厂二车间早上刚开完车间会议，部署好当天的工作时，从外面运来一车不锈钢板。汽车进入二车间停稳后，发现下货处距离汽车有20米远，所以要使用行车起吊。行车操作工胡某开始操作行车，李某负责指挥，刘某在汽车东边负责挂钩，徐某在汽车西边负责挂钩。当时，负责指挥的李某站在汽车东边，另有一名员工王某在现场做清理工作。

10分钟后，在第三次起吊钢板，钢板距离地面大概2.5米、横向西大概2米且起吊钢板将要接近切割转台时，操作工胡某发现钢板的南北上下开始晃动，这时吊车仍在行进中。负责指挥的李某看到了在现场清洁的同事，马上向操作工胡某打手势，并大声呼喊。

胡某一看，意识到可能有危险，便当即紧急停车。不料，此时钢板脱离了吊钩，从南边直接向下坠落，一瞬间，车间内尘土四起。胡某、李某、徐某等人一看出事了，马上跑到事发地点，看到做清理工作的王某倒在地上。几个人赶紧叫车把王某送往医院，可最终王某因抢救无效死亡。

惨剧发生后的追责不能挽回逝去的生命，回过头来看，如果企业有完善的安全监管制度，工作区严禁他人进入，并定期检查起吊工具，这场惨剧原本可以避免。

在安全工作中，就一定要建立安全监管制度，并严格落实，这样才能把事故堵在安全的大门之外。那么，如何才能建立起行之有效的安全监管制度呢？

首先，应建立并完善各级人员的安全生产责任制，特别是身处作业一线的负责人，更要狠抓、严抓监管。在计划、布置和安排生产工作的同时，同步落实好安全监督工作，作业现场也要安排专门负责监管的管理人员。该负责人应对作业现场的人员实行全过程监督，及时发现并纠正一切不安全行为。此外，在监督作业现场人员行为的同时，更要监督工作负责人是否严格履职，谨防“三违”的发生。

其次，严格执行工作票操作票制度。全体成员都要提升自我保护意识，树立起“无票不该做，无票不能指挥别人从事相关工作，无票可以拒绝工作”的观念。

最后，抓好以下三个环节。

（1）严格执行“三措施”：相关单位及部门对工作的组织措施、技术措施、安全措施要进行严格把关后再签字，遵从逐级审批制度，提前做好准备工作，从各个方面确保安全。

（2）重视班前会、班后会和危险点分析预防工作。班前会要交代好工作任务、地点、安全措施及注意事项等。在开展作业时，找准危险点并做好防范措施，要想好了再做，杜绝盲目作业。班后会重在总结，针对发现的问题提出预防策略，严抓落实。

（3）提醒加监督，全员共担安全责任。堵住事故之门有赖于全员的努力，只有每个人都强化安全责任意识，不违章作业、不掉以轻心、不违反劳动纪律，在日常工作中重视养成自觉遵章守规的良好习惯，克服侥幸、盲从、逞能、取巧等不良心理，切实做到责任到位、工作到位、制度落实到位，上下级之间和员工之间相互提醒、相互监督，才能真正做好安全工作。

建立安全监管制度，旨在让每一名员工都能逐步从企业的约束转向自我主动约束，以管住自己的“思想”和“手脚”，坚决消除有潜在危险的想法、有安全隐患的行为，时刻绷紧防护这根“弦”。

5. 实行“问责制”，为安全保驾护航

安全事故如同洪水猛兽，会在眨眼之间吞噬员工的生命和企业的财产。为了减少安全事故造成的生命财产损失，必须严格实行安全生产问责制，这是将各项安全防范措施落到实处的保障，也会为安全生产提供有力的保障。

那么，如何才能顺利实行“问责制”呢？

首先，细化责任，不管哪个工种、哪个岗位，都要事先把责任说清楚，让员工知道哪种行为该负哪种责任。

其次，加强检查，做到及时发现问题、解决问题，或至少不让问题“蔓延”，不让小问题演变成大问题。很多时候，员工的“不负责”主要原因就在于责任“时松时紧”，于是小问题频出，为安全事故埋下隐患，所以必须要加强检查，让人人都清楚责任、担起责任、守住责任。

最后，有责必究，一究到底。问责，就要把责任问到根处、痛处，要一击即中，直击要害，这样才能让责任人以此为戒，不敢再犯。

可以说，问责制好似一个无形的“紧箍”，戴在每一名员工的头上，一旦不能承担自己相应的责任或出现违章行为，“紧箍”就会马上发挥作用。

某公司梳毛机生产线带班周某，在上班期间操作梳毛机时手臂被梳毛机辊轮卷入其中受伤，后被及时送往医院救治，但仍在当晚因抢救无效死亡。

该厂厂长段某为日常经营活动的负责人，但他没有履行安全生产管理职责，致使安全生产管理工作十分混乱，同时也没有及时发现并消除梳毛机出布口辊轮处防护栏缺失的安全隐患，未按照规定给员工发放合乎标准的劳动防护用品，更没有落实职工安全教育培训工作，继而导致了事故的发生。最终，段某被司法机关立案调查。

段某身为负责安全的主管，没能履行安全管理责任，致使1人在安全事故中死亡，其行为触犯了《中华人民共和国刑法》第一百三十五条之规定，应该以重大劳动安全事故罪追究其刑事责任。就这样，段某因犯重大劳动安全事故罪被判处1年有期徒刑。

责任到人，是保持安全警钟长鸣的必要手段，只有让被问责人真正感受到“切肤之痛”，其他人才会引以为戒。

问责制也要与经济处罚挂钩，企业可以制定适当的处罚标准，处罚对象包括部门主管、部门班长以及直接责任人，若有其他处罚对象，可根据具体情况酌情设置处罚标准。

处罚不是目的，只是手段，问责制的建立和实行要立足于生产安全、人身安全和企业财产安全，所以有必要加强以下三方面的工作。

第一，认真落实安全生产责任。主要领导、分管领导及其他主管人员必须明确安全生产责任，同时认真落实企业安全生产的主体责任，建立起涵盖管理人员、班组和各工种的安全生产岗位责任制，真正把安全责任落实到每一环节、每个角落，实现全方位安全监管。

第二，健全安全问责制。安全问责是保安全、促生产的重要举措，所以必须健全安全问责制、加强问责力度。这要求企业应进一步细化安全责任，按层级管理原则把安全责任逐级落实到每个人，以此增强各级安全管理人员的责任心，消除不作为、慢作为、乱作为等问题。

第三，落实安全问责制。全体员工都应意识到，安全问责旨在保证员工自己的生命和企业的财产安全，所以在生产活动中要做到“敢于正视问题、敢于直面矛盾”，要坚持原则，有错必问、有过必责，问而有力、责而必究，无论是直接负责人还是相关领导及人员，决不姑息纵容。发现一处，查处一处，这样才能发挥出“问责制”的实效，使员工提高警惕、不敢懈怠。

安全问责制度，简单来说，就是谁出了安全问题就由谁来负责的制度。通过这一制度，会打造出一条“安全责任链”，这等于任何环节都会被时时“监控”，从而促使全员都积极主动地消除安全隐患、预防安全事故。

某垃圾库发生过一起中毒窒息事故，在事故中有3人死亡，2人受伤，造成的直接经济损失达300多万元。那么，这起事故是怎样发生的呢？

当时，施工人员没有按照相关规定佩戴满足安全所需的防护用具，更在未获批准的前提下冒险进入含有硫化氢等有毒有害气体的垃圾库作业，吸入了硫化氢等有毒气体，造成1人死亡。

施工队的其他人员，在没有做好自身安全防护，佩戴必需的防护用具的情况下，盲目施救，又造成2死2伤，导致事故进一步扩大。

事故发生后，通过安全问责制度，所有责任人都被追责，并受到了相应的处罚。这包括当地城管部门在事发前没有履行日常安全监管职责，督促企业进行隐患排查治理和风险防控工作，也没有及时发现事故单位存在的安全隐患并督促其及时消除；乡政府在日常隐患排查治理与风险防控工作中没有尽到职责，没有发现事故单位存在的安全隐患并及时上报处理。

在这起事故中，通过安全问责制度，直接负责人及相关单位都将受到相应的惩罚，这更体现出了安全问责制的优势，即不让任何有直接或间接责任的责任方心存侥幸，认为可以逃避。此后，这些责任方必定会引以为戒，在其他安全隐患的排查工作中尽心竭力。

安全生产工作是一个系统性工程，需要各级单位和部门协同合作，每个参与其中的责任人都要把责任落到实处，绝不能让任何环节出现问题。问责制为安全生产筑牢坚实的防线，其通过不断增强企业各级部门负责人和员工的安全责任意识，让安全管理工作重心下移，从而真正确保生产一线始终处于安全的环境之中。

6. 制度重在执行，安全不是口号

安全是一个永恒的话题，要常抓不懈。安全工作重在落实，安全制度重在执行，要想让安全不再只是挂在嘴边的一句口号，就必须真正地做到既让制度上墙，又让制度落地。

"我们楼下好像少了一个灭火器。""你们是哪个小区？几栋几单元？好，我马上过去处理……"这是某街道网格员叶某在日常巡查过程中接到小区居民电话反映的对话。叶某是小区安全负责人，她获知情况后马上去找物业管理员，再次确认情况后，她立即督促相关人员补齐消防器材。

叶某是一名很负责任的安全员，她和同事们每天都会对管辖的区域进行巡查，且 24 小时保持电话畅通，方便居民在发现问题后第一时间联系他们。“针对居民反映的问题，只要我们能处理的就会马上处理，不能处理的会及时向上级汇报，这样的逐级责任制也保证了更完善的服务系统。”

广大居民对叶某等网格员、安全员的工作十分满意，小区内的公示栏上也张贴网格员和安全员的联系方式，方便居民随时联系，这也让小区居民更有安全感。

制度是一种行为规范，严格执行制度是确保工作有序开展的保障。没有执行，再好的制度也是一纸空文，再理想的目标都难以实现。

古人云：“天下之事，不难于立法，而难于法之必行；不难于听言，而难于言之必效。”定制度、出规范也许很简单，但难点在于如何有效执行，只有不打折扣地落到实处，制度才会发挥出应有的效用。

有些企业制定的安全制度条款分明，细致而严密，走廊的墙上、办公室的墙上到处都是，可这些在全员眼皮底下的各项规章制度到底能不能发挥作用却很难保证，甚至于很多员工只把这当成是企业所走的“形式”，在工作中并不会认真地执行。这种表面功夫自然只是“假把式”“花架子”。

企业和员工应该明白，员工的人身安全和企业的财产安全靠的不是墙上的几句标语和制度条款，写在墙上的安全算不上真正的安全，只有把安全警示印刻在所有人的脑海中，体现在具体的安全生产工作中，才能真正为安全保驾护航。

2020 年 9 月，某污水处理厂发生了一起硫化氢气体中毒事故，造成 3 人死亡，直接经济损失超过 400 万元。

当时，值班人员违反操作规程，直接把盐酸快速加入含有大量含硫化氢的废水池内进行中和，导致大量硫化氢气体在短时间内迅速溢出，而值班人员在没有穿戴安全防护用品的情况下进入危险场所，吸入浓度极高的硫化氢等有毒混合气体，导致中毒。

后经查得知，该企业未严格落实环境保护、职业病防护设施“三同时”制度，安全设备的安装、使用也不符合相关规定，且没有落实安全教育培训制度和安全风险辨识防控工作。

显然，这起事故发生的根本原因，是企业与员工双方均未落实相关安全制度及规定。

每个生产企业都有自己的安全制度，但并不是每个企业都能严格执行该制度。仔细分析很多安全事故发生的原因可知，并不是这些企业缺少相应的法律法规和规章制度，而是生产人员漠视管理，不落实、不执行，制度和规范大多成了企业的墙上摆设，是为了应付检查才存在的，这样的制度形同虚设，起不到丝毫预防和警示作用。

制度在于执行，没有执行，再好的制度也毫无价值。那么，如何解决企业安全制度的执行问题呢？

第一，优化执行流程。打造统一、规范、高效的制度执行体系至关重要，它是保证企业工作流程通畅的润滑剂。在企业所构建的制度执行体系中，要先明确各部门、岗位的职权和执行时限、质量及数量等指标，从而形成完整的指标制度链和流程体系链，避免在制度执行过程中出现各自为政、多重标准等不良现象。此外，企业的工作流程链要遵循“简单化”原则，做到执行关节少、操作环节准，让所有执行者通过流程链清楚地知道自己的“分内事”，这样便会提升制度的执行效率。

第二，提升执行技能。规章制度最终都要落实在员工身上，所以提升员工的行动力非常关键。首先，企业负责人应以身作则，带头执行各项规章制度，作出榜样，杜绝搞“一言堂”，否则会极大地削弱制度的力度；其次，着重提升中层管理者的执行意识和能力。中层以上管理人员有着“执行者”和“领导者”的双重身份，所以在执行过程中起到承上启下的作用，必须要做到人尽其才、任人唯贤；最后，要督促基层员工把执行放在心头。通过加强基层员工的职业道德教育和岗位技能培训，优化员工队伍，以及营造良好和谐的企业文化氛围，更好地激发员工的主观能动性，让各项工作目标执行落地。

第三，建立健全奖罚与监督机制。适当的奖罚机制不可或缺，它能够最大限度地保证安全规章制度的执行情况。建立奖罚机制，可以让员工在岗位竞争上表现得更积极，加之这样的机制以绩效考核、培训提升为核心，能更清晰地描述各项工作的奖罚考核标准，所以会形成一套完善的奖罚机制管理闭环系统。

有了奖罚机制，更要辅以必要的监督。比如既要检查工作执行结果，也要监督执行过程，从而及时发现并纠正偏差。总之，要把员工的福利待遇与执行过程、执行效果连接在一起，以此形成绩效考核动态管理，让每个人都愿意为了保证自身生命安全和企业财产安全付出努力。

第四，强化责任感，并重视沟通。责任感越强，责任心越重，对待工作就会越用心，也就越不容易出现安全漏洞。企业要加强员工价值观和责任心的教育，引导员工自觉树立责任意识，认识到员工与企业是一荣俱荣、一损俱损的关系，这样才能不打折扣地执行企业的各项制度。另外，无障碍沟通也是提升制度执行力的有效手段，应当建立各级管理者与基层员工有效沟通的渠道，增强员工与员工之间、员工与管理者之间的信任度，从而为制度的执行创造更有利的条件。

执行到位的制度才有意义，员工的行为才有准则，事故才会因此得到控制，安全也会因此得到保障。

第四章

深入现场，确保安全“零事故”

生产现场如同“战场”，要想打赢“安全战役”，必须重视生产现场的每个角落、每个环节，因为任何小差错、小纰漏都有可能造成人身伤害及财产损失。因此，深入生产现场，抓好细节，才能堵住安全缺口，避免造成安全事故。

1. 拒绝小疏忽，避免大灾难

1963 年，美国气象学家爱德华·洛伦兹在一篇论文中分析了“蝴蝶效应”，指的是在一个动力系统中，初始条件细微的变化都会导致整个系统长期的巨大的连锁反应。对该效应最常见的一种阐述是：一只南美洲亚马孙河流域热带雨林中的蝴蝶偶尔扇动几下翅膀，可以在两周以后引起美国得克萨斯州的一场龙卷风。

这个理论看起来有些“荒谬”，却传递出一个道理：任何事物之间都存在着一定的关联性，其发展遵循着由小到大的演变过程。把这一理论引申到安全上，同样能为我们提供宝贵的经验。

在生产活动中，安全隐患就如同那只“蝴蝶”，如果让它随意“扇动翅膀”，必然会引发各种安全事故。在初始阶段，安全隐患也都是一些不起眼的小事，比如一个烟头、一颗松动的螺母……当我们在工作中发现这些漏洞却还是疏忽大意，就很可能酿成大灾难。

张某是某县电业局供电所电工，这天，负责人刘某让张某和钱某一起为一个用户改线并安装电能表。当天张某请假在家，身上只穿着短袖上衣和七分裤，脚上穿着一双拖鞋。接到指令后，张某没有更换衣服，与钱某没有办理工作票就直接去了现场。

经过商量，两人分工干活，张某负责拆除旧线和送电，钱某负责安装电表。钱某对张某说，作业之前一定要先断开电源才行。张某应了一声后便转身离开。就这样，在没有其他工作负责人和监护人的情况下，他们分头行动，干自己的活儿。

当时张某站在铁梯子上距地面约 1.8 米的地方拆旧线、接新线，并用验电笔找出了零线和火线。然而，接好零线后，在用带绝缘手柄的钳子剥开火线线皮时，左手却不小心碰到了带电导线，瞬间发生触电。而后，他被送往医院抢救，但仍然没有保住性命。

在这起安全事故中，张某违反了多项规定，比如未穿绝缘鞋、未戴手套、站在导电良好的金属梯子上作业。这些规定难道身为电工的他不清楚吗？并不是，这是他的岗位安全常识，更是安全操作规程中一一写明的。他之所以发生触电事故，就是因为不重视安全，疏忽大意。

“只是拆旧、改线，这样的小事会出什么问题？”或许这是张某在作业之前的内心所想，而正是诸如此类的错误想法和观念，才促使他的行为存在安全隐患，最终酿成了惨剧。

在经济学中也有一个著名的“木桶理论”，说的是一个木桶能够盛装多少水，不取决于它最长的那块木板，而是取决于最短的那块木板。这一理论也同样适用于安全管理，也就是说，即使我们有过硬的技术和业务能力，可一旦在工作中疏忽大意，不重视小违章、小违纪，对小隐患视而不见，那么它们就会变成象征着安全的“木桶”的短板，会让安全离我们越来越远，危险离我们越来越近。

在生产活动中，很多惨剧往往都源于一个小小的疏忽，这不能不引起重视和深思。比如，常有因随意丢掉一个烟头引发重大火灾的情况；因没有戴安全帽致人死伤的情况；因没有系保险绳脱钩矿车撞人致死的情况……无数血的事实告诉我们：谁忽视了安全，谁就会受到惩罚，对小错误的疏忽必将酿成大事故。

安全工作是一项十分具体的工作，不认真、不深入、不细致，在工作中对小疏忽不以为意，很容易出大错。我们身边总有些“大疏忽不犯、小疏忽不断”的员工，认为只要不是原则性的大问题，其他所谓注意事项根本不用放在心上。殊不知，小疏忽常常会造成一种“假象”，即一个两个、三个五个小疏忽可能不会引发多么严重的后果，但安全隐患就此埋下，直到事故发生后，他们可能还认为发生的一切只是偶然的事情，是自己“运气”不好。实际上，保障安全从来都不应该也不能靠运气，只有时刻提高警惕，处处留心，最大限度地降低安全事故风险，才会从一开始就控制住那只即将要扇动翅膀的“蝴蝶”。

2. 重视细枝末节，保证现场安全

俗话说：“沙粒虽小伤人眼，小雨久下会成灾。”在预防安全事故的工作中，正是很多看起来微不足道的小事最终捅出了大娄子，让人悔恨不已。我们的日常安全工作均由许许多多的细节和小事组成，面对数不清的细枝末节，稍有不慎就会引起祸端，因此必须重视这些细节，认真对待，谨防不起眼的小隐患造成大事故。

某除灰车间运行丁班在凌晨5时许启动了浆液泵，开始往吸收塔打浆液。启动之前，当班工人孙某检查了泵皮带、地脚螺栓和接地线，还启动了泵浆液密封水，查看溢流管是否有异物。之后，孙某开启了浆液泵入口手动门，并通知主控高某启泵。正式启动后，孙某又将浆液泵出口手动开启，检查无异常后回到了控制室。

两个小时后，高某在巡查时发现储浆罐顶部四周变形，向内凹陷，马上联系孙某，让其紧急停下该返回泵。停泵后，检查发现该罐溢流管底部胶皮被吸合。高某随即联系检修工王某，并把情况汇报给班长，之后将浆液泵入口门手动关闭，把浆液泵冲洗管接口打开，放掉出口管线浆液，防止积冻，还把泵入口密封水门一并关闭。

又过了半小时，检修人员来到现场，检查溢流管通畅后，割开了溢流管出口处的胶皮，车间技术员便下令开启浆液泵试运行。启动后两个小时，运转正常，溢流管只有少量空气向内抽吸。

这起事故造成浆液罐三分之一报废。罐体爬梯受损，顶部设备变形，经济损失近 30 万元。幸好发现及时，没有造成更严重的事故。

事后，在调查原因时发现，溢流管下部接有一根弯管，与直管约成 45°，弯管端部连接着一根胶皮软管，胶皮软管长约 0. 3 米。这根管子作用是防止溢流浆液流到地面，把浆液引入地沟。

这根管子用了 2 年，由于安装角度和老化问题使得胶皮软管变形被吸合，造成罐内负压过大，引起了罐体变形。当班人员孙某巡视不到位，没有排查出这一隐患，在启泵前未能发现胶皮软管变形这一细节，是造成此次事故的主要原因。

一根小小的管子竟造成了数十万元的损失，这自然是不小的代价。可见，在安全生产中必须明察秋毫，即便隐患藏得再深、掩饰得再好，也不能没有蛛丝马迹，所以一定要有强烈的责任意识，它如同排险除患的“放大镜”，可以将任何形式的隐患尽收眼底。

常言道：“针眼大的窟窿斗大的风。”小事变大、小瑕疵演变成大纰漏，在日常生活中和工作中都是普遍存在的现象，往往在工作中一个细节出了问题，会马上牵动全局，此正是“牵一发而动全身”。因不重视细节导致的后果会不断扩大，特别是在安全生产方面。各级职能部门和基层员工必须各司其职、重视细节，发现隐患和漏洞后要立即整改，确保将安全工作扎实地落实到所有细节之中。

安全生产，性命攸关，任何时候都不能有丝毫松懈，必须严抓细节，因为很多大问题都隐藏在小细节之中，所以保证安全的前提就是深入到细节之中，找出隐患和引发事故的蛛丝马迹。

我们应时时讲安全、事事抓细节，在自己的岗位上认真负责，不放过任何一个小错误、小隐患，特别是在作业现场更要提高警惕，因为现场总是隐藏着各种引发事故的隐患，稍不留神就会触发事故“机关”，造成人身伤亡及企业财产损失。如果我们能够时时保持警觉，细致排查，及时发现一切小隐患、小苗头，也就能防微杜渐，把事故消除在萌芽状态。

某煤矿集团分公司洗煤二车间员工杨某，是一个工作认真负责的人，一次他在按规程抽取浮选起泡剂过程中，发现油压好像比往常要小，虽然还没超出正常范围，可已经显示出与平时不一样的状态。

杨某本着负责的态度，加上自己的经验，断定管路或油泵出了问题，于是立即把情况汇报给该工段工段长。工段长很重视，马上带人赶往现场检查输油管和油泵。经过一番细致的排查，发现车间内的一处水泥地面渗出了油渍，也同时发现埋在土里的输油管因管路老化，已经渗漏了大量浮选油（一种起泡剂），很容易引发火灾、爆炸等重大事故，所以工段长马上下令停止该管路输油。

后经过专业人士的快速处理，该段管路恢复如初，避免了浮选油继续泄漏。杨某的细致排查让公司免遭了巨大的经济损失，也同时避免了一起重大安全事故的发生。

天下大事，必作于细。细节决定成败，很多时候一个小细节往往会左右事情的发展方向，因而在安全工作中务必保持警觉，认真履行职责，否则即使再坚固的安全堤坝也会因为一个小小的漏洞而土崩瓦解。

安全始于细节，细节决定安全。那么，我们在生产活动中如何真正做到重视细节，不放过任何纰漏呢？

首先，要明确安全需要一种严谨、端正的态度。我们常说“把安全放在心头”“以人为本，安全第一”，这是一种态度，更是一种原则。重视细节的一个重要前提，就是工作态度必须端正，这样才能认真负责，始终把安全放在第一位，注重生产中的每个环节、每道工序，时刻保持谨慎。

其次，细致入微。这既是一种工作态度，更体现出了敬业精神。在工作中，只有细致入微才能把注意力更多集中在排查隐患和防止事故发生上，不给安全隐患留有空间。这种细致入微的工作态度，也会时时给自己敲响警钟，让自己真正把“安全”二字刻进骨子里，形成一种工作习惯。

“冰冻三尺非一日之寒，安全生产非一日之功。”祸发于细微，所以想抓好安全就一定要抓好细节，由此才能有效管控无所不在的风险，才不会出现因一时偷懒、一时大意换来祸从天降，悔不当初。

安全细节必须慎之又慎，这要求我们要牢固树立安全意识，消除“小事不重要、细节无所谓”的错误观念，意识到安全责任重于泰山，安全生产既是红线，也是生命线、责任线，任何时候都不能逾越。

3. 做好台账管理，严防弄虚作假

安全台账是企业日常管理工作的一个重点，它反映的是一个单位安全生产管理的整体情况，也是企业员工养成良好习惯的一个重要载体。加强安全台账管理，既能了解安全生产的真实过程和安全管理实绩，也能有效解决安全生产中的各种问题，可以说，它是规范安全管理、夯实安全基础的重要手段。

一般来说，安全台账可以分为以下十大类。

（1）安全生产责任台账；

（2）安全生产制度台账；

（3）安全生产会议台账；

（4）安全生产活动台账；

（5）安全检查及整改台账；

（6）各类事故及处理台账；

（7）发文及信息台账；

（8）安全生产设备运行管理台账；

（9）法律法规台账；

（10）安全生产工作信息台账。

安全台账并不是可有可无，及时、认真、真实地建立安全台账，彰显的是一个企业的整体管理水平及管理人员的综合素质。

“赵梦桃班组”先后三十多次荣获全国、省、部级荣誉，该班组是以全国著名劳动模范赵梦桃的名字命名的。该班组自组建以来，始终坚持摸索、尝试新的管理方法，建立起了“五账一本”的小组建设机制。

“五账”，即生产管理台账、学习活动台账、岗位创新台账、岗位技能台账及学习宣传台账。在“五账”中，小组的生产指标、学习宣传活动、岗位创新等全部规范地记录在其中。通过台账管理，班组的管理也更为透明，避免了很多矛盾的产生，备受车间和企业的好评，更为其他班组树立了样板。

在日常工作中，不少基层员工对安全台账颇有微词，认为台账记录不但耗费时间，给本就忙碌的工作增加负担，而且并没有实际的作用，所以在台账记录上敷衍了事，殊不知这会为安全事故埋下隐患。因为在交接班时，下一班的班组长会查看安全台账，看是否有需要注意的事项，以及某些需要检查的环节，如果台账弄虚作假，甚至临时拼凑，便会对下一班的工作造成极大的误导，从而引发安全事故。

实用性、真实性是安全台账的主要特点，所以要坚决杜绝搞形式，如果一味地做表面功夫，安全台账就难以发挥原本的效用，也就失去了安全台账存在的意义。

某工厂班组长陈某刚上任不久，便接到了企业打算给他带领的班组申报公司的安全文明班组，上级领导要到他所在班组做安全管理检查的通知。陈某非常激动，知道这意味着领导对他工作的肯定。

为了不出差错，他找出了那本很长时间都不曾看过的安全管理台账，翻了又翻、看了又看。他发现台账的封皮破旧不堪，里面的字体也非常潦草，甚至有些记录还没有写完。这样的台账怎么能给领导看呢？他灵机一动，想到了一个办法，于是偷偷地把台账带走了。

原来，陈某想把安全台账做得“漂亮”一些，也好给领导留下好印象。于是，他买了一个很精美的笔记本，又找了几个写字漂亮的朋友帮忙重新抄写了一遍。看着眼前这本经过“深加工”的台账，陈某脸上浮现出满意的笑容，似乎已经看到了领导对他的夸赞。

一个星期后，领导来到厂里检查，陈某从容地回答着领导的提问，几个问题过后，领导满意地点了点头。

忽然，领导的笑容凝固了，一位科长问陈某：“这本台账是去年的吗？”陈某有些慌张地点了点头。“为什么去年的台账会用上个月才出的笔记本誊写？”陈某看着笔记本上的生产日期，大脑一片空白。

之后，领导把陈某叫到办公室，听完他的解释后认真地说：“安全台账并不是漂亮的摆设，我们之所以要做安全台账，目的是吸取教训以及学习各种技能，提升大家面对事故的应变能力和保护自己、同事和国家财产的能力。一旦这些流于形式，必将付出血的代价，作为班组长，你一定要清楚自己身上的责任。”

陈某牢牢地记住了领导的话，把原先那本旧的安全台账放在了班组最醒目的位置上，时刻提醒自己作为班组长应当肩负的责任。

安全台账最能直观、真实地反映出生产现场出现的各种问题，所以一本真正能对安全生产提供帮助的台账，鲜有字迹工整，没有任何涂抹修改的情况。这是因为，一个班次出现的某些安全注意事项记录在案后，下一班次也许会解决某些问题，从而在台账上也会加以修改和注明，这样一来，才更能体现出安全台账的实用性、真实性。

安全台账也好似一种“证据”，可以在发生安全生产事故后追根溯源，找到问题的症结所在以及直接责任人等，是认定和划分责任的重要书证之一。它更是生产过程最详尽的第一手资料，能够准确、真实、细微地反映出安全情况。

此外，很多安全隐患都有规律可循，所以安全台账更能起到“规律总结”作用，我们可以通过翻看、比对其中一件事或多件事发生的因果关系等作出适当的预判，这同样可以对安全事故进行有效预防。

为了确保安全台账对安全工作更有效用，有必要在以下四个方面做好台账管理。

第一，适当“瘦身”。运用恰当的数学方法，“合并同类项”，能简勿繁，以“精简实用”为原则，让台账既有重点又全面。

第二，科学分类。按照综合管理、安全管理和技术台账对资料进行分类，做出相关子目录归档整理，这样在日后使用时方便快捷。

第三，统一“包装”。无论是电子台账还是纸质台账，都要进行统一的标准化管理，比如采用统一的样式或格式，以缩短查询时间，提升工作效率。

第四，深入理解。所有员工要明确一点，安全台账并非专属于某个人，每个员工都可以胜任安全台账的记录工作，要深入并准确理解安全台账不只是单纯的记录，要投入更多的心思和精力，真正做到把“安全写进台账，把隐患排除在外”。

4. 谨守交接班制度，保障安全无盲区

“交一份安全，接一份责任。”好的交接班，既能提升工作效率，又能杜绝各班组之间推诿扯皮、破坏内部团结等情况，保证了工作衔接的通畅和安全。

交接班工作内容：交清本班次生产运行及设备运转情况；交清生产报表、生产工具；交清上级单位工作指令；做好设备的巡回检查。

交接班要求：接班人员提前到岗；交接班时，交班人员必须全员到齐；交接双方认真检查，双方均认可后进行交接。

交接人员任务：交接前，交接人员应全面检查设备；整理好生产报表及运行记录；回答接班人员提出的问题；当发现接班人员有酗酒、精神失常等对正常工作的开展有影响的情况时，不得交接，继续坚守岗位，并上报相关部门，等待结果；接班人员没有按时到岗，交班人员有责任继续坚守岗位，并上报相关部门。

接班人员任务：接班人员要认真听取交班人员对情况的介绍，按照交接内容逐项检查；当交班人员提前离岗时，接班人员应迅速记录并上报相关部门；遇到交班人员交接不清时，接班人员可以拒绝接班，并上报相关部门。

特殊情况：如在交接班时突发事故或设备故障，应由交班人员负责处理，接班人协助处理，待一切恢复正常后再行交接；若事故或设备故障一时无法解决，应上报相关部门，由部门负责人决定交班人员是否可

以离岗。

交接班工作是确保生产安全、明确责任的重要一环，所以建立必要的、符合企业实际的交接班制度至关重要，全体员工也必须严格执行。抓好交接班环节的规范化，也是排查安全隐患的一项重要工作。因为交接班时间往往是“事故多发期”，有些员工会认为快要下班了，安全员、班组长管得没那么严了，于是产生侥幸心理，这便为安全事故的发生留下了“可钻的空子”，因而，一定要谨守交接班制度到最后一刻，不给安全事故留隐患。

某企业曾发生一起采煤机设备事故，导致事故发生的原因是上一班作业结束后，操作人员发现采煤机摇臂齿轮箱出现了轻微异响，倘若处理及时，这原本只是一个小故障，可是这名操作人员并没有立即排查该隐患，且在交班时也没有向下一班人员交代该隐患，便直接下班走了。

接班人员正常接班后，开启采煤机只运行了不足 5 分钟，采煤机摇臂齿轮便开始剧烈振动，还伴有十分刺耳的噪声，随即引发轴承故障，最终只能全部更换齿轮和轴承，这导致整个采煤工作面生产全线瘫痪，造成了巨大的经济损失。

事故发生后，该企业召开了事故责任追查会，企业安全负责人在会上表示，这本是一个可以排除的小隐患，但由于交班人员缺乏安全责任心，没有及时排除问题，更没有遵守交接班制度，把情况告知下一班生产人员，非常不负责任地把这个隐患留给了下一班，从而导致设备“带病”运行，继而引发了严重的设备事故。为此，上一班交班人员受到了严厉的批评和责任追究，那名操作人员也受到了严厉的处罚。

一个班次在经过数小时的工作后，越是临近下班越容易放松警惕，这是因为此时员工的精力和体力消耗达到了上限，安全意识也随之下降，只希望尽快下班，回家休息，这本无可厚非。但是却不能因此不考虑安全因素的变化，尤其在交接班时，该交代的一定要交代，需要接班人员注意的一定要提醒，不能图省事，假装不知情而试图蒙混过关，毕竟生产设备不骗人，它们是否“带病”，在运行之下便可一目了然。

相对而言，在交接班时，交班人员远比接班人员承担更多、更大的责任，因为经过一个班次的生产，包括设备在内的所有生产情况他们都了如指掌，“不知道”“不清楚”绝不是留下安全隐患的借口。所以，务必谨守交接班制度，每个环节都不能疏忽、遗漏。

接班人员也应承担起主动问询的责任，不应只等着交班人员的告知，通常主动问询会对交班人员起到“提醒”的作用，让他们想到某些未被记录在案的注意事项。

交接人员在谨守交接班制度的同时，还要严格遵从“三一”“四到”“五报”交接法和“十交”“五不交”的原则。

“三一”：对重点生产部位做到一点一点交接，对重要生产数据做到一个一个交接、对主要生产工具做到一件一件交接。

“四到”：该看到的要看到、该摸到的要摸到、该听到的要听到、该闻到的要闻到。

“五报”：报检查部位、报零件名称、报生产情况、报存在的问题、报采取的措施。

“十交”：交本班生产质量控制及任务完成情况；交仪表仪器、设备运行及使用情况；交不安全因素采取的预防措施及事故处理情况；交设备润滑三级过滤情况及工具数量或缺损情况；交工作指标执行情况及为下一班的准备工作完成情况；交原始记录是否正确完整；交跑、冒、滴、漏情况及采取的预防措施；交原材料使用及产品质量数量和存在的问题；交消防、气防、电讯器材及其他器具情况；交上级指示及相关注意事项。

“五不交”：生产异常，事故未处理完毕不交；工作及设备情况不清不交；记录不清、不齐、不准不交；区域卫生不干净不交；工段内制定的本班任务未完成不交。

某车间根据领导要求严抓交接班制度，保证生产设备安全稳定运行的指示，开始狠抓班前班后点名，确保员工不迟到、不早退，依章而行、依规而动。

在此次整顿中，劳务工也一并被纳入点名范围，真正实现了上下班员工点名率百分之百。而在交接班方面，也完全遵从车间规定的“三一”“四到”“五报”“十交”“五不交”的交接班制度，无论早班、中班，还是夜班车间，都安排专人来抽查各班的交接班点名情况，以及交接班效果，并进行评价。在交接班中存在问题的给予批评，做得好的给予表扬。

此外，车间还借助各种形式，比如办板报、做制度牌、读宣传稿件等来宣传谨守交接班制度的意义和重要性，并要求全员都要背下车间对交接班的种种规定。

在这样大力度宣传和对制度的严格落实下，全员都对交接班制度有了更深刻的认识，员工之间也更重视对口对岗交接，这极大地保证了设备、人身以及企业的安全。

生产岗位作为安全的第一道“防线”，在安全工作中举足轻重。谨守交接班制度，做到“交班不交隐患”，才能确保工作良性循环，扫除安全盲区，为企业的安全生产筑起安全屏障。

5. 加强巡查，不放过一个漏洞

安全工作是脚踏实地做出来的，空喊“安全”绝不会有真正的安全，只动嘴不动腿，远离车间和生产现场，更是安全工作的大忌。因而，上到管理人员，下到基层员工，都应加强巡查，勤跑现场，深入车间、班组，才能发现问题、消除隐患、预防事故。

现场巡查制度是生产过程中的一项重要管理制度，它有助于我们在安全生产中及时发现事故隐患，防范事故的发生。只有做好现场巡查，立即处理发现的问题，才能真正做好安全工作，否则员工自身和企业都将受损。

安全工作是一项科学性、系统性、长期性的工作，要真抓实干，所以走进现场，加强巡查必不可少。“安全生产挂嘴上，不如现场跑几趟。”因为查漏洞、排隐患是一项“细活儿”，没有巡查现场就没有“发言权”，也自然找不到真正的问题。不少生产企业的管理层及员工正因为缺乏巡查现场查漏、排患的责任心，习惯于开会议、发资料，只从书本上学安全，不理会现场的真实情况，才会在生产的各个环节“埋雷”，最终“一声巨响”，“炸”得安全防线面目全非。

因此，企业和员工必须树立实实在在的安全作风，把学到的安全知识落实到具体行动上，既要有“形”，又要有“实”，在工作中落实安全责任，养成良好的安全习惯，才不会为隐患提供滋生的土壤。

罗浩（化名）是个真正把“安全”刻进骨子里的员工，同事们都说他是班组里的“第一巡检员”“第一安全员”，因为他不但严格要求自己时时注意安全，还会督促其他班组成员要把安全放在心头。

罗浩总会随身带一个笔记本，上面记录着与安全有关的知识，以及不少法律法规。对此他说，时代在发展，知识也在更迭，必须时时保持学习的态度，随时随地把学到的安全知识记录下来，这样就会建立起一个安全知识库，以后肯定能用上。

工作中的罗浩更是把“安全第一，预防为主”的原则时刻放在第一位。罗浩所在的锅炉行业属于特种行业，锅炉更是高危险性压力容器，所以对司炉工的责任心要求极高。

一次接班后，司炉工还没有检查附属设备，便私自开启两台锅炉。罗浩发现后询问司炉工，司炉工却不以为意，觉得锅炉并没有什么异常。罗浩不敢有丝毫马虎，马上按照安全操作规程进行了细致的检查。当检查到化验室水箱时，他发现水位已经处于警戒线以下了。

情况紧急，罗浩马上让司炉工停炉，同时采取相应的措施，等水量恢复到正常水位后才重新开炉。不用说，正是得益于罗浩在现场的仔细巡查，才避免了一起事故。

还有一次，罗浩当班巡查洗煤车间供暖情况，走到 126 皮带处时，他看到一名女员工靠着暖气睡着了，她旁边就是正在运行的皮带，倘若因睡梦中伸手伸腿，势必会发生惨剧。罗浩马上把女员工叫醒，还通知了她所在班组的班组长。

女员工一副不服气的样子，并不认为自己做错了什么，还说了几句风凉话，暗讽罗浩多管闲事。不过，当罗浩把事情的危害性有条有理地说给女员工，还列举了几个类似的事故后，女员工终于意识到自己的错误，知道罗浩是为了她好，她向罗浩保证，以后绝不会再犯类似的错误。

走进现场才会看到实实在在的问题，才能找出解决办法，才能体会到巡查现场的意义。在企业中，最容易发生危险的便是一线，所以做好现场管理工作是安全生产的有力保障。我们在巡查现场时也要有章法，按照一定的要求和步骤巡查更容易达到效果。

首先，巡查及时。巡查现场必须及时，要在问题出现之前迅速找到它、解决它，避免问题恶化，引发事故。

其次，把握重点。要想把握重点，就必须深入探寻重点问题，暂时将不重要的问题放置一边，或交由其他人员处理。

最后，明确目的。这是巡视现场最关键的，我们必须明确巡视的目的、巡视的对象，这样就能有的放矢，更快地发现问题并加以解决。

巡查现场对于提升生产效率、安全生产有着积极作用，所以合格的巡查人员必须每天都例行巡查，以便及时、清楚地了解生产进度、速度、产量和质量。当然，巡查工作不能只靠巡查人员，既然安全关乎着每一个人，那么作为普通员工的我们也有责任担起巡查重担，在工作中做“自己的安全巡检员”，确保自己的岗位及相关的工作环节没有安全隐患和漏洞。如果每个员工都能怀有这种想法，在交接班时细致认真，接岗后严守规章制度，就能最大限度地把隐患消除在萌芽状态。

在开展现场巡查工作时，还要做到“四个坐不住”“四个一样”。

“四个坐不住”：天气发生变化时坐不住、发生异常情况时坐不住、问题没有排除时坐不住、开停车时坐不住。

“四个一样”：夜班和白班一个样、坏天气和好天气一个样、领导在不在一个样、有没有人检查一个样。

巡查工作做得越细致、越周密、越全面，就越容易查找出隐藏在深处的隐患和漏洞，从而及时将其排除，减少或杜绝事故的发生。

某机务段充分发挥段、车间和班组三级安全员的巡查监督作用，以此形成了一张覆盖所有区域的“大网”，让各种安全隐患在这张“大网”之下原形毕露。

工作具体分配情况：段长、党委书记负责段级安全检查组，安全科为主力；车间主任负责车间安全检查组，具体事项由分管安全的副主任及安全专职人员安排；班组长及班组安全员共同组成班组安全检查组，一边开展机车检修、设备维修，一边监督检查身边的员工。

为了排查一线运输生产中的安全隐患，该段的专职安全员还会根据作业现场和季节特点制订详细周密的检查计划，确保全覆盖、昼夜不间断地跟踪。根据检查计划，段级安全检查组还会抽查20个折返点作业、机车出入库和车机联控等，还会设点检查机车乘务员在中间站、道口和弯道等关键处的鸣笛和瞭望情况。一旦发生问题，安全员马上汇总，并在该段交接班会上做通报，督促有关车间进行整改。

车间安全员更要加强日常巡查，每天都要向检查科上报检查信息。专职安全员每周应对全段安全信息作汇总分析，找出共性和突出问题，制定对策，在网上通报，并由相关车间整改。

经过这样细致、周密的安排和部署，巡查工作得以顺利、有效地开展，也从源头上彻底消除了安全隐患。

巡查现场，为的是深入各岗位，及时掌握具体的工作进展情况，努力找到潜藏的隐患，将其彻底消除。

第五章

紧盯“三违”，让隐患无所遁形

“三违”是安全生产的大忌，也是造成各种安全事故的重要原因。据统计，生产安全事故有90%以上都是“三违”引起的，要想有效消除“三违”，就必须认真强化落实安全管理的各项措施，严守各项规章制度和操作规程。

1. 严控“三违”，掐断事故导火索

“三违”，即违章指挥、违章操作、违反劳动纪律。据统计，在安全事故中，90%以上都是由“三违”导致的，所以在工作中必须要严控人的不安全行为。

违章指挥指的是生产经营单位的生产者违反安全生产方针、政策、法律、条例、规程、制度和相关规定指挥生产的行为。它包括违反安全生产规程、制度和安全技术措施，或擅自变更安全工作及操作程序；指挥者不经培训上岗，使用未经安全培训的工人或没有专业资质认证的人员；指挥工人在安全防护设施或设备存在缺陷、隐患没有彻底解决的条件下冒险作业；发现违章不予制止等。

违章作业指的是操作人员不遵守劳动生产岗位的安全规章及制度，比如安全生产责任制、安全操作规程、工人安全守则、安全用电过程、交接班制度等以及安全生产通知、决定等的作业行为。具体来说，它包括违反施工现场安全制度，未佩戴安全帽进入施工现场、未系安全带进行高空作业以及未正确使用个人防护用品；擅自动用机械、电气设备或拆改挪用设施、设备；随意攀爬脚手架和高空架等。

违反劳动纪律指的是员工不遵守生产经营单位的劳动规则与劳动秩序，也就是不遵守企业为形成和维持生产经营秩序、确保劳动合同得以履行，以及与劳动、工作紧密相关的其他过程中一定要共同遵守的规则。具体来说，它包括不履行劳动合同及违约承担的责任，不遵守考勤

与休假纪律、生产和工作纪律、奖罚制度等。

“三违”带来的最大危害便是会埋下巨大的安全隐患，轻则导致财产损失，重则会让人付出生命的代价。因此，每个员工都要严守各项规章制度和操作规程，严防“三违”。

某冷拉型钢有限公司冷拉车间共有9人在岗，其中1人是盘圆拉丝工，另外8人在冷拉大车间工作。当时拉丝工周某操作着一台卧式拉丝机，他的具体工作是把直径6.5毫米的圆钢拉成6毫米的圆钢。

当周某快要完成第三盘（每盘150公斤）圆钢时，突然发现拉丝机运转出现异常，凭借经验，他断定机械肯定出了故障。不过，他却在没有采取任何安全防护和断电停机措施的情况下，徒手排除拉丝机故障，结果导致双手和上肢被卷入拉丝机。

冷拉车间工人袁某到拉丝机附近取工具箱，发现周某被卷入机械中，他马上切断电源，叫来了几名同事，大家一起用铁剪子剪断一道道钢丝，才把周某拉了出来，可那时的周某已经死亡。

事后调查发现，周某安全意识不足、违规操作，是导致事故发生的直接原因。该公司制定的《卧式拉丝机安全操作规程》明确规定操作人员必须站在开关部位启动开关，遇到特殊情况时要马上停机；设备在正常运行情况下，操作人员禁止靠近滚筒，更严禁直接用手摸拉故障部位。

不难看出，周某的“三违”行为害了自己。在生产工作中，类似周某这样的“三违”员工不在少数，有的造成了个人轻伤和财产损失，有的则如周某一样丢掉了性命。那么，为什么数不胜数的血淋淋的事故依然不能让更多员工得到教训，从而引以为戒呢？为什么“三违”现象仍屡禁不止呢？

归根结底，就在于很多员工没有深刻地认识到“三违”的危害，因而有必要根据“三违”的成因和性质系统地对其分类。

盲目性“三违”：有些员工把施工作业看成是单一的体力劳动，所以疏于对安全知识的学习，在作业中常常凭借习惯和经验，由此便会造成盲目性“三违”。

无知性“三违”：不少员工因为自身文化素质、技术素质较低，所以自控能力和自主安保意识也较差，常常对应当熟练掌握的知识、技术和施工措施模棱两可，因而即使做出了“三违”行为却还不清楚到底错在哪里。

习惯性“三违”：在生产活动中，包括一部分基层干部在内的不少员工，无法认清安全与效益的关系，把注意力都集中在产量和进度上，置安全技术防范措施于不顾，甚至随意省略，由此在作业中侥幸未导致安全事故后，便习惯性地产生“三违”行为。

管理性“三违”：有些管理者重生产安排而轻隐患排查，重制度制定而轻具体落实，更有甚者，已经意识到了某些不安全因素，在无法确定生产条件是否安全的情况下，依旧指挥员工继续作业，继而造成管理性“三违”。

放任型“三违”：有少数管理者在工作中责任心不强，现场管理十分“粗放”，对某些“三违”行为更是睁一只眼闭一只眼，甚至视而不见，这不禁让员工肆无忌惮，时间一长，放任型“三违”形成，为安全事故的发生提供了“便利”。

工序性“三违”：每项作业都有固定的操作规程，但总是有员工不按照标准操作，导致质量出现问题，加之安全措施不齐全，为后续工作带来了很多不便，更留下了安全隐患，这便是工序性“三违”。

从上述六种类型中可见，不只是员工会出现“三违”，部分管理人员也一样会出现，所以企业应由上至下彻底治理“三违”，毕竟“三违”治理不彻底，就极可能造成生命的消逝、财产的损失，因而必须要严格执行安全规程，坚决反对“三违”行为。

某煤矿新副井施工项目部在开展井架改造工作时，发生了一起瓦斯爆炸事故，造成5人死亡，直接经济损失达150多万元。

在井筒施工到底后，施工项目部开始拆除井内管路并提升吊盘。由于井筒上部铁质风筒弯头影响吊盘上提，大家便割破铁弯头，这使得整个井筒都不能正常通风，而且之后也没有安排专人复原。

几天后的一个早班，现场井口外围的工作人员各就各位，分别有7名机加工班组员、9名除漆刷漆班组员、9名缠绳班组员，还有11名员工在改装天轮平台。9时50分左右，改造好天轮平台后，赵某、肖某、叶某、陆某4人来到距离地面15米高的翻矸台切割横梁，张某和王某两名电工则在翻矸台接照明灯，一位副经理带着其他人员回到了地面。

大概40分钟后，赵某开始切割横梁，不料气割产生的熔渣穿过铺盖在井口的钢管缝隙掉入井下，导致井筒内积聚的高浓度瓦斯发生爆炸，巨大的气浪一下子把井口的钢管及井架上的一部分铁护板掀了起来，这时井架上的肖某、叶某、陆某和王某纷纷抱住了附近的固定物件，幸免于难。可赵某和张某却被强烈的冲击波冲到了井架平台，井筒旁边的另外三名员工也因为来不及躲闪被砸。5人被紧急送往医院，可遗憾的是，这5人均经抢救无效死亡。

事后经调查得知，员工未按照《煤矿安全规程》和《安装施工组织设计》组织编写安装作业规程与安全技术措施，是导致该起事故的一个原因，此外他们明知井筒长时间不通风，仍然进行切割二层平台横梁作业，致使熔渣掉进井下引发高浓度瓦斯爆炸。

“三违”造成的危害令人心惊胆战，我们在生产活动中还有什么理由不遵章守纪，按照各项操作规程作业？“三违不反，事故难免。”一次“三违”就可能导致一个或数个家庭失去幸福，甚至就此支离破碎，因此我们绝不能忽视伤亡人员用血的代价一次次为我们敲响的警钟，必须坚决反对“三违”行为，从根本上消除“三违”。

2. 杜绝违章指挥，拒做“安全杀手”

在安全工作中有这样一种说法：违章作业无异于“自杀”，但违章指挥则如同“杀人”。违章作业是漠视自己的生命，对自己生命的不负责；违章指挥则不仅仅是对自己生命的不负责，还是对他人生命的不负责，所以这种对他人生命不负责的行为便是“杀人”。

违章指挥多是决策失误，并不是可以忽略不计的小错误、小疏忽，所以它造成的危害范围更大，波及的人员也更多。

某化工厂乌洛托品车间因原料不足停产，厂部经集团领导同意，打算在停产期间对粗甲醇直接加工甲醇的技术加以改造。

这天，在为精甲醇计量槽溢流管安焊阀门时，距离溢流管左侧0.6米的地方有一根进料管，顶端与计量槽的上端相连，连接法兰没有盲板，下端距离地面40厘米的地方，进料阀门被拆除，该管敞口暴露在空气中。精甲醇计量槽顶端有一段阻燃器，在当时35℃的高温下，槽内甲醇挥发并与空气混合，形成爆炸混合物。

现场负责指挥的人员并不重视这些残余气体，继续让工人开展焊接作业。当工人焊接溢流管阀门连接法兰与溢流管对接焊口（距离进料管敞口上方1.5米）时，瞬间火花四溅，掉在了进料管敞口处，引燃了甲醇计量槽里的爆炸物。只听一声巨响，计量槽槽体与槽底分开，槽体飞到空中，落在西侧80余米的地方。现场顿成一片火海，火焰高达15米！

当时1名电焊工正用气割切割他上方连通槽的放空管道，2#甲醇计量槽突然爆炸，他当场被炸死。与其相隔2米远的另一个槽上有2名工作人员被气浪冲出了3米多远，均受重伤。

后经现场勘查与技术鉴定，导致这起1死2伤伤亡事故发生的主要原因便是违章指挥。现场指挥人员没有让人清除2#甲醇计量槽内的残余甲醇气体，同时用来切断甲醇槽与放空管的盲板也不合格，所以被气割时加热的气体冲破，使得槽内残余的甲醇气体与空气混合，遇明火后发生爆炸。

“违章指挥如同杀人”的说法似乎危言耸听，在事情没有发生在自己身上时，可能大多数人都不觉得这句话有道理，可事实就是如此，因为违章指挥意味着对现场情况判断不明，盲目作业，这不是为安全事故埋下隐患吗？即便谨守安全操作规程，严格依循各项安全生产制度，都有因一时的马虎大意导致安全事故发生的可能，更别说对现场情况做不到百分百了解就贸然进行作业了。

说起来，违章指挥更像是一种随心所欲的蛮干、胡干、乱干，是漠视客观规律、不讲科学态度的违反安全规程行为，很容易造成严重后果，所以为了不害人害己，指挥人员必须在确保安全的情况下正确指挥。

违章指挥带来的恶果人所共知，它会破坏企业安全规章制度的落实，还会危及人的生命安全，给企业带来巨大的损失。那么，既然违章指挥的害处这么多、危害这么大，为什么仍不能杜绝这种行为呢？这是由违章指挥的特点决定的。

第一，隐蔽性。指挥者一般都具有较高的技术水平和领导能力，也会得到作业人员的认可，他们对指挥者下达的各项指令会认为是正确的，不会是违章的。此外，作为一名指挥者，他在整个工作中肩负的责任比其他人更大，对自己下达的各项指令充满自信，对可能发生的错误判断也很难通过自身查找得以及时纠正。基于作业人员的信任和盲从心理以及指挥者的自信心理，违章指挥行为很难被发现。

第二，顽固性。管理人员的违章指挥与基层员工的违章作业如出一辙，这是因为他们都由一定的心理定式来支配，形成了“习惯性动作”。所以便具有顽固性、频发性的特点，较难纠正。这种心理定式的存在，会促使违章指挥一再出现，直到行为人为自己的行为付出代价。

第三，难防性。由于违章指挥多发生在管理层，行为人一般都拥有一定的职务，所以基层员工或是安监人员也有“不愿制止、不敢制止”的心理状态，继而难以有效预防安全事故的发生。

第四，普遍性。在生产活动中，违章指挥现象十分普遍，只是行为人所处环境和违章指挥的表现形式各不相同，比如会议室、作业现场，甚至某些文件和制度上也会出现违章指挥现象。

第五，诱导性。违章指挥多会出现“上行下效”的情况，即上一层影响下一层。基层员工会被班长影响、班长会被主管影响、主管会被项目经理影响……如果项目经理不重视安全，在指挥作业时表现得过于随性，就会让主管产生“错觉”，从而进一步忽视安全，下一层的班长也自然不愿“唱黑脸”，过分督促员工，如此层层放松，最后就会让安全出现巨大的漏洞。

第六，危害性。违章指挥的危害性是连续性的，也是具有“传染性”的，更会让安全生产工作变得不可预知。因为当出现违章作业情况时，有时候并不是直属指挥人员导致的，可能是其他行为人出现违章指挥，导致现场作业人员的违章作业。这种危害往往是巨大的、严重的、不可逆转的。

违章指挥害人害己，更会危害企业，导致极其严重的后果。因此，身为指挥人员，必须要在保证安全的情况下正确指挥、谨慎指挥，否则极易引发重大事故。

某电力安装分公司副经理霍某就因为一次违章指挥丢掉了自己的职位，也导致员工在作业过程中受伤。

当天，送电一班奉命将一处电杆移位顺直。早上8点钟，当时正下着小雨，很快又刮起大风，这给送电一班的工作增大了难度。作业现场的班长打电话向分公司经理汇报情况，希望能马上停止工作。不过，为了能保证尽快送电，该经理没有答应班长的请求，而是让副经理霍某带领送电二班前去支援。

霍某到达作业现场后，没有交代任务，也没有布置安全措施，直接让大家开始干活。不料，在慌乱之中电杆埋深不够，直接倒下，造成2人重伤、2人轻伤。事故发生后，霍某被公司追责，丢了自己的副经理职位。

《中华人民共和国安全生产法》和《安全生产违法行为行政处罚办法》中都有关于生产经营单位安全生产管理机构及安全生产管理人员应履行的职责，其中更对违章指挥行为做出了明确的处罚决定，轻则罚款，重则判刑，所以指挥人员，特别是现场指挥人员，切不可掉以轻心，存有侥幸心理。指挥人员的一次疏忽大意，很容易酿成谁都不愿意看到的人间惨剧，因此要从根本上杜绝违章指挥，绝不能做“安全杀手”。

3. 盯住每一个环节，严控每一次违章

“十次工伤，九次违章。”这句话让人们充分地意识到了遵章守纪、杜绝违章作业的重要性，更让基层员工明白，只要不违章，或及时纠正违章，就能最大限度地清除隐患。

在生产活动中，我们有必要盯住每一个角落，让隐患无处可藏，这是保障安全的必要条件。

某企业每年都会被评为落实安全责任的先进单位，他们能做到这一点，秘诀就在于非常重视对生产现场的监督和检查，以及员工的自检自查。每天上班，企业领导所做的第一件事就是亲自到各个车间巡查，全方位检查各项工作的落实情况，甚至员工是否做好安全保护措施也在他们的检查范围之内。下班后，相关负责人会召开安全生产例会，每个部门都要做安全总结，并对一天的工作中遇到的各种问题进行汇总和分析，能在会上直接解决的便解决，不能解决的待会后统一制定时间表，尽快解决，避免留下隐患。

通过这种领导带头讲安全、各级职能部门抓安全、基层员工重安全的方式，该企业形成了上下一心护安全的良好氛围，毫无遗漏地堵住了每一个诱发安全事故的缺口。

违章是引发事故的导火索，是导致安全事故的元凶。企业要制定相

应的规章制度来严控员工的每一个行为，但比制定规章制度更关键的是落实这些规章制度，要重视清查生产活动中的每一个环节，不给违章制造机会。

在许多企业，违章行为屡禁不止，这其中有历史因素和社会因素的影响，除此之外，以下几种同样是造成员工违章的因素。

第一，有一些员工总是心存侥幸，觉得一些小违章不会导致什么不良后果，犯了无关痛痒的小错并不会受罚。他们之所以有这种心理，一是认知上出现偏差，二是经验使然。于是，他们在工作中越来越随性、马虎，直到发生悲剧后才悔不当初。

第二，某些员工“习惯成自然”，会重复性地、无意识地做出某些在他们看来并无异常的日常行为，比如新进单位的员工从直属领导或同事那里学得某些不良习惯，或是自己在工作中逐渐养成某些不良习惯等。这些“习惯性动作”便会为违章提供“沃土”，员工在工作中稍有思想放松，很多安全隐患就会随之产生，继而引发安全事故。

第三，“图省事”也是造成员工违章的一个重要因素，尤其是员工认为依章而行会影响工作效率，或觉得按规程操作与自己的习惯相左时，他们会更倾向于快速提升工作效率而忽略耗时又麻烦的操作规程。久而久之，“省事”“方便”成了他们工作的唯一标准，至于规程和措施早已被他们抛到九霄云外，于是便频频出现为方便而导致的违章行为。

第四，几乎人人都有“随大流”的心理，这是一种普遍心理。当在作业现场有人违反安全操作规程等规章制度，又没有被及时制止或处罚时，很快就会有人“效仿”，即便他们明知这样做是错的。

第五，管理人员不能以身作则，也是致使员工频频出现违章行为的因素。管理人员若对违章视而不见，却寄希望于员工百分百杜绝违章，这几乎是不现实的。所以管理人员，特别是中层管理人员，要有不怕得罪人的心态，敢抓、敢管、敢考核，这样才能从根本上杜绝违章。

在某医院二期基坑土石方及支护工程工地上，承接工程的支护班班组长陈某正安排喷锚班8人、钢筋班6人一起在基坑作业。当天下午3时30分，钢筋班的2名组员离开作业现场，其余4人正常工作。

10分钟后，基坑突然发生坍塌，钢筋班有3名组员及时逃离了现场，但一直在基坑梯子上工作的吕某却因为掘进机的阻挡无法顺利逃离，被坍塌的石头砸中身体，更与掘进机发生碰撞。之后他被紧急送往医院，最终经抢救无效死亡。

相关部门的专家经过现场勘查和分析，认为导致这起事故的直接原因是施工单位在施工过程中没有按照施工方案组织施工，更没有按照喷锚网支护的深度和长度要求开挖，存在超挖现象；开挖出作业面后，没有按照规定对坡面进行支护，使得坑壁暴露时间超过12小时以上，继而导致坍塌。

在建筑施工过程中，深基坑开挖是一项风险较大的工作，政府有关主管部门对施工单位的资质、施工方案的制订以及施工作业过程中的监理都有一套严格规定。不过案例中的施工单位并没有遵从规定，监理单位更未按照监理要求进行监理。不难看出，一个环节出现漏洞，就会对后续工作产生巨大的影响。

在生产活动中，存在着各种不安全、不稳定的因素，企业未严格执行国家的劳动安全卫生规程和标准；单方面追求利润，忽视安全；未能科学地安排生产作业，都会为员工的正常作业埋下巨大的安全隐患。同时，员工在生产中若不重视自身安全、他人安全，违反各项操作规程，就更会为安全事故提供滋生的温床，从这个层面来看，企业与员工都应进一步提升并强化防范意识、安全意识，确保每一个环节都没有漏洞，对每一次违章都严格把控并及时整改，才是企业长治久安的根本。

4. 常见违章作业行为及纠正方法

在生产制造领域，违章行为导致的后果十分严重，因为在这一领域内，人员常会因为机械设备的故障以及违章操作等引发重大人身伤害及死亡事故，所以身在该领域内的员工更要时刻注意纠正自己及他人的违章行为，避免伤人伤己。以下是常见的违章作业行为及纠正方法。

起重作业

（1）非起重工绑系绳扣

举例：起吊刚性梁，指挥者让非起重工绑系绳扣，但因未按要求绑系绳扣，在起吊过程中，为避免刚性梁滑落的木方误碰滑轮折落，动滑轮随之下降，拉断了另一滑轮绑绳，造成动滑轮和走绳骤然下落，险些造成机毁人亡事故。

纠正方法：指挥人员要让非起重工知道绑系绳扣的危险性，告诉他们必须按规章要求绑系绳扣，且要在发现他们不按规章要求绑系绳扣时及时制止并适当处罚，让他们引起重视。

（2）卷扬司机在未得到明确指令时松开溜绳

举例：更换高压门架吊车主钩钢丝绳时，卷扬司机还没有得到吊车指挥者的指挥信号，自认为上部已经固定妥当，直接松开溜绳，随即主绳溜绳，带动防止溜绳的钢丝绳骤然弹起，导致一名员工被弹伤。

纠正方法：告诫员工在作业中必须听从指挥，按规程操作，绝不能凭感觉、经验和习惯盲目操作。

（3）超重吊装

举例：在组塔施工中，规定吊重为5吨，但操作人员却超重吊载7吨重物。吊物接近指定位置时，左侧横担刮在曲臂上端主材和背铁上。横担颤动几下后下落，冲断了抱杆上的拉线和磨绳。

纠正方法：在起吊作业中，严禁超载，一经发现，严惩不贷。

（4）使用吊斗、抓斗运送工具及作业人员

举例：在作业之前、过程中或完毕后，总会有工人试图乘坐吊斗或抓斗，甚至在司机不知情的情况下找机会进入吊斗或抓斗，此时若司机操作吊斗、抓斗，极易发生事故；一些司机安全责任意识薄弱，主动让作业人员进入吊斗、抓斗，或用其运送工具，同样容易导致人员摔跌或撞击等事故。

纠正方法：安全规程中有明确规定，不准用吊斗、抓斗运载人员和工具，所以管理人员要负责监督，班组成员之间也要互相监督。发现有人进入吊斗、抓斗内时，司机也要马上停机，对私自进入者进行严肃批评。

机械操作

（1）不了解工具的使用方法

举例：某些员工不了解电气工具的使用方法就贸然使用电气工具，继而引发安全事故。比如手触电气工具的导线部位；因故离开工作岗位或遇到临时停电时，未及时切断电源等。这些行为不但会导致电气工具受损，更会造成触电事故。

纠正方法：机械工具都有其具体的操作步骤和要求，员工在不了解的情况下严禁使用，发现员工擅自使用电气、焊接等专用工具时，要立即制止，并视情节轻重给予处罚。

（2）使用“带病”工具

举例：一些员工在使用大锤作业时，在锤头有歪斜、缺口、裂纹的情况下仍照常使用，并不以为意，这极易导致锤头飞出伤己伤人。

纠正方法：作业前，绝不能因为某些工具经常使用而忽视对它的检查，退一步讲，正是由于这些工具经常使用，更易“患病”，所以一旦在检查时发现工具“带病”，必须马上更换。

（3）机器运行时装卸或校正皮带

举例：常有员工在机器运行过程中直接用手装卸或校正皮带，且对于他人的提醒和劝阻不以为意，觉得自己是“老手”，不会发生意外。殊不知，意外的不可预知性决定了它随时都可能发生。

纠正方法：机器没有停机就装卸或校正皮带，管理人员要严查这类违章行为，平时也要多宣传机械伤害事故造成的恶果，为员工敲响警钟。

（4）机器未完全停稳就进行维修

举例：机器在运行过程中出现小故障时，个别操作员在停机但机器未停稳时便开始维修，并振振有词“等机器完全停止后再排除故障将影响工作效率”。

纠正方法：事实上，所耽搁的几分钟或半小时，甚至更长时间，对于工作效率的影响微乎其微，而且与人身安全相比，耽误的工作进度不算什么。当操作员有此类违章行为时，同事或管理人员必须及时制止，避免发生事故，同时要对违章操作者给予处罚。

封闭场所作业

（1）盲目进入井下或沟内作业

举例：有些员工发现电缆沟、输水沟或排污井发生故障时，在没有做好安全措施之前便盲目进入，试图排除故障，但却由于作业场所通风不畅发生窒息事故。

纠正方法：管理人员应事先讲明，进入电缆沟、排污井等封闭场所作业之前，必须经过运行班长的同意，在作业前要事先检查这些地方是否足够安全，通风是否顺畅。在未获许可情况下绝不能私自进入，一经发现，必须严惩。

（2）检查地下室时，直接投入燃烧物

举例：有的员工在检查地下室有无有害气体时，会贸然将燃烧物，比如点燃的火柴或火绳投入其中，而不使用专业的矿灯等。一旦地下室内有瓦斯等气体，极易引发爆炸事故。

纠正方法：管理人员要把燃烧物直接投入地下室做检查可能导致的不良后果清楚地告知作业人员，并督促他们采取正确的检查方式，若发现有违章操作者，要立即制止并进行批评教育。

（3）在阀门井内作业使用氧气通风驱烟

举例：某工厂曾有员工在阀门井内作业时随意使用氧气通风驱烟，由此引发火灾，造成作业人员烧伤。

纠正方法：氧气通风驱烟极易引起爆燃，管理人员要严令禁止员工的这种操作，一旦发现，视情节轻重做通报批评或物质处罚。

（4）监护人同时负责其他工作

举例：进入槽箱或容器内工作时，外面会有专门的监护人，不过有的作业现场却会出现监护人观察不细致，甚至因为要做其他工作而离开的情况，从而造成槽箱或容器内人员发生事故。

纠正方法：企业负责人或管理者要教育监护人员强化责任意识，集中做好监护工作，同时也不要随意给监护人安排其他工作，确保他们把整个身心放在监护工作上。

电气作业

（1）非电工接电源

举例：有些员工并不是电工，但仍然擅自去接移动式电源箱的电源，因对电路知识不了解，很容易误将接地线与 A 相火线相接，使得电源箱外壳带电，一旦用手去扶电源箱，便会发生触电事故。

纠正方法：每名员工都要明确非电工绝不能私自接电源，一旦发现非电工接电源，必须立即制止，并给予批评教育。

（2）在不带工作票的情况下盲目作业

举例：某工厂班组组织清扫 10 千伏配电变压器台，班组长却没有带已经签发的工作票进入现场，且没有验电便把一组短路接地线挂在高压母线上，又拿着抹布从高压侧登上去，双手晃动着变压器高压侧 A、B 相套管，导致胸前起火，从近 2 米高的变压器台上摔下来。

纠正方法：在开展电气作业时，工作票如同行动指南，更能确保安全，所以在作业前，负责人必须宣读工作票及安全措施，严格按照工作票要求开展作业。如果工人发现负责人没有带工作票，要主动提醒，同时有权拒绝作业。

（3）检查不细、不严，误登带电设备

举例：一供电局在清扫主变压器回路时，一名工人本打算往 1 号主变压器搬扶梯，可一时疏忽却放在了 2 号主变压器带电一侧，登上梯子清扫时，两手触电，被严重灼伤。

纠正方法：停电作业时，要认真、细致、全面地检查现场的每个角落，核对好线路名称、杆号及色标，并再次确认设备的排序，在周围设置封闭围栏。同时，监护人要起到真正的监护作用，谨防发生因操作失误出现的触电事故。

（4）雷雨天未穿绝缘靴到室外巡检高压设备

举例：有的工人在雷雨天去室外巡检高压设备时没有穿绝缘雨靴，同时距离避雷针、避雷器较近，这很容易被雷电击伤。

纠正方法：负责人要向员工讲清楚在雷雨天巡检室外高压设备必须穿绝缘靴的重要性，一旦发现有未穿者，要及时制止其外出巡检。此外，也可以在显眼处的墙壁上或告示栏粘贴雷雨天作业注意事项一览表，以便随时都能提醒作业人员。

常见的违章作业行为不局限于上述几类，企业和员工应根据自己所在领域和行业严格按照作业规程开展作业，避免发生本不应发生的各类安全事故。

5. 严守劳动纪律，消除一切不安全因素

国有国法，家有家规，企业也同样有企业的纪律。企业的纪律，具体来说便是劳动纪律，它指的是人们在共同劳动过程中，为取得行动一致，确保生产（或工作）过程实现所必须遵守的行为准则。违反劳动纪律必然会受到相应的处罚，我们要明白其目的是惩罚教育不遵守劳动纪律的人，以及警示他人，从而避免以后再出现类似的事情，保障生产安全。因此，作为员工必须严守劳动纪律，这也是对自己和他人以及企业负责任的表现。

一般来说，违反劳动纪律主要指：

迟到、早退、旷工及中途溜号；

无故缺席会议；

不按规定、程序或越权审批各类请假条；

车间员工未按规定提前 5 分钟到岗；

工长、计划员未按规定提前 15 分钟到岗；

酒后上班或当班时饮酒；

串岗、离岗，上班时间擅离职守，延误工作；

未办理请假手续或请、销假手续不全；

下班前未做好交接班工作，包括生产任务、工艺、工具、设备运转及场地卫生等情况；

上班时间干私活、睡觉、打牌、玩手机等；

违反入库、领用程序，私自拿原材料（包括堆放在车间现场的）及零配件；

在办公室向楼下倒水或垃圾；

恶意篡改、删除、损毁、涂改、备份公司、部门、车间及他人文件、资料，等等。

企业性质及所在领域不同，对劳动纪律的各项细则规定也有差别，但基本的行为规范却大体相同。不少员工觉得这些行为只是小事，与安全生产没有太直接的关系，也不会对自己和他人及企业安全造成多大影响，然而若不重视这些细枝末节，违反相关规定后却不以为意，就会铸成大错、酿成大祸。

一次，某化工公司二车间过硫酸钠生产三班5人值班，其中华某、孙某是过硫酸钠复分解反应工序操作员，华某是主操作员，反应岗位位于过硫酸钠工序二楼。

当天下午4时许，华某、孙某、于某和张某正在投料，大概一小时后开始加液碱进行反应。整个过程由华某操作和控制。于某和张某从旁协助投料并准备下一班原料后，便各回各岗。

华某在反应过程调过两次蒸汽压，把反应温度控制在41.3~44.5℃之间，真空度为0.094兆帕，不过他并没有把这些数据记录在生产记录簿上。之后，他和孙某换班上厕所，并去化验室取化验单。大约35分钟后，华某返岗取牙签、看温度。又过了十几分钟，华某到化验室（车间中控化验室，离岗位大概50米）取检查报告。

当他进入化验室大概5分钟后，发生爆炸，此时身在动力车间电工房和过硫酸钠厂房之间睡觉的孙某被炸伤。华某的头部被爆炸产生的震落物砸伤，孙某则因伤势过重经抢救无效后身亡。

后经调查得知，造成该起事故的直接原因便是员工没有严格遵守劳动纪律，擅自脱岗、睡岗，同时车间管理存在漏洞，对员工的教育和检查不足。当时华某去厕所，又去化验室取化验单，原本只需要几分钟的时间，他却用时几十分钟，严重脱岗；孙某同样违反制度，在此期间处于睡岗状态，没有按规定对温度与真空度进行操作控制，出现异常情况时也没能及时处理。

另外，操作员在上班时未按规定复位报警器，导致反应锅声光温度报警器无效，温度超过55℃时发生副反应，物料分解并释放大量的热，热量又使得物料急速升温并快速分解，并释放出大量氧气，它们与正常反应产生的氨气混合形成可爆气体，温度持续升高导致冲料时产生的静电造成了吸氨塔发生爆炸，而后瞬间波及反应锅发生化学爆炸。

案例中爆炸的形成过程比较复杂，但如此复杂的过程却是在员工不经意间的几个违规动作下轻易形成的。如果华某离岗后快速返岗，如果孙某没有睡岗，控制好温度，发现异常后及时处理，如果操作员上班时及时复位报警器……或许这次惨剧就不会发生。世上没有“后悔药”，所有事情都没有反悔的机会，因此只有严守劳动纪律、严格遵守各项操作规程和规章制度，才能避免各类安全事故的发生。

作为员工，无论何时何地，身处何种岗位，都要有强烈的责任心和安全意识，这是做好一切工作的前提，更是保障岗位安全、人身安全的基础。

那么，在工作中应如何杜绝违反劳动纪律的行为呢？

首先，要严抓基层管理，提升管理人员的素质。干部带好头，员工才有劲头。管理人员应带头遵守和执行各项纪律，以身作则，率先垂范，为员工树立榜样。

其次，加强劳动纪律宣传教育，严格落实制度，发现有违反劳动纪律的人员要严肃处理，决不姑息，避免“有令不行、有禁不止、有章不循”等不良现象。

最后，加强监督检查和安全教育。在日常工作中要加强监督检查，规范员工的各种行为，让他们真正认识到违反劳动纪律的危害和由此带来的恶果。同时，播放安全教育宣传片并发放相关材料，让员工自觉主动地遵守劳动纪律。

不遵守劳动纪律是导致事故发生的一个重要原因，在生产活动中，不少员工抱有“睡一会儿不碍事”“离开一会儿能有什么事”的想法，这些都会为安全生产埋下隐患，从而可能引发安全事故。

某农业科技公司在照常生产时，掺混车间投料工魏某不遵守劳动纪律，在当班期间躺在掺混车间复合肥原料包装袋码垛上睡觉。当时，叉车工岳某正驾驶具有起吊功能的叉车作业，他把吊着的一网兜共计40袋复合肥（合计重2000公斤）直接放在了魏某睡觉的码垛上。

岳某放好后，才发现码垛的背面露出两只人脚，于是立即重新吊起货物，把压在下面的魏某救出，同时拨打120并向领导汇报情况。单位马上派人将魏某送往医院，可最终魏某还是抢救无效死亡。

在这起事故中，公司安全责任落实不到位，安全管理措施执行不力，作业现场管理不严，以及公司安全管理人员未能切实履行安全管理职责，是造成此次事故的间接原因。但从根本上说，魏某不遵守劳动纪律才是导致自己身亡的主要原因和直接原因。

因不遵守劳动纪律引发的安全事故数不胜数。在日常生产活动中，管理人员务必要担起向员工传递安全知识的重担，重视宣传教育和培训，让员工从被动安全逐渐转向主动安全，如此才能由上至下、由内而外地编织出一张安全防护网，将不安全因素消除殆尽。

6. 用“三严”“三不”应对“三违”

俗话说，安全生产“得之于严，失之于宽”，三违行为的发生固然“成因复杂”，但并不意味着没有应对之法。我们都知道，人是企业生产的主体，只有管住人、管好人，才能抓住确保安全生产的主要矛盾，我们应以“铁的手段、铁的面孔、铁的纪律”有效控制三违，及时排查安全隐患，将安全事故消灭在萌芽状态。

“三严”“三不”是应对三违的有效措施，当我们对违章指挥、违章作业、违反劳动纪律的行为视之以“严”，并敢于说“不”，才能确保生产安全。

“三严”

第一，严格要求。在排查安全隐患时，只有首先做到严格要求才能令行禁止，杜绝违章行为，让每个人都遵规守矩。严格要求，即在生产活动中做到标准化、规范化和科学化，一旦发现设备存在安全隐患或安全保护装置存在缺陷，必须及时处理，杜绝设备“带病”运行。比如，应确保作业现场干净整洁、照明良好，通道畅通无障碍，各种警示标志保持清晰、醒目，设备、材料及相关工具有序放置。

第二，严厉查处。要加大处罚力度，当有员工出现违章行为时，决不姑息纵容，这不但是对企业负责，也是对员工负责。

第三，严肃处理。发生事故后，企业应对责任人严肃处理，同时要以“四不放过”为原则，仔细分析事故发生的原因，制定防范措施，避免同类事故再次发生。“四不放过”原则，即事故原因未查明不放过、责任人员未处理不放过、责任人及群众未接受教育不放过、整改措施未落实到位不放过。

某矿运机运区队运输一分队机车司机胡某，由于超载被安全执法人员查获，之后矿安全部门向他发出了一张“三违”处罚通知单。当时，这一班下班员工较多，并且只剩一辆车，所以胡某便超载将一些员工拉走。胡某认为自己的这种做法无可厚非，毕竟超载那部分员工不必再徒步行走了，所以自己不应该受到处罚。于是，他把这张处罚单交给分队长，要求退回安全部门。

不料，第二天安全科长又将这张处罚单退了回来，并责令运输一分队队长落实处罚决定。分队长常与基层员工打交道，也知道胡某是出于好心，所以把当时乘坐车辆的员工都找来，让他们出具一张关于“下班人多占用了车辆，因而导致此次机车在不得已情况下超载”的谅解证明，以此回复安全科。

矿上领导得知此事后，意识到这是个提升全员安全意识的好机会，所以采取“三违”听证的方式，将机运队管理人员、运输分队长和所有司机都召集到一起，针对这个案例进行讨论。

最终的讨论结果是：虽然司机的做法是出于好心，也是“人之常情”，但在工作中，安全与生命高于一切，同情心不应该凌驾于理性之上。就这样，胡某的“三违”处罚单按计划执行，胡某本人也心服口服，在以后的工作中再也没有出现“三违”行为。

“三严”的根本就是要以“严”来杜绝一切违章行为，不给安全隐患留下丝毫漏洞，也不允许感性胜过理智，在确保安全生产上没有任何情面可讲，一旦讲人情、留面子，便很容易让安全事故“钻空子”。

应对“三违”除了靠“三严”，还要遵从“三不”原则。

“三不”

在安全管理中有“三不伤害”原则，它是我国为减少生产中的人为事故所采取的一种相互监督、相互督促的安全生产原则。“三不”原则立足于“人人为我，我为人人”的安全道德观，把反违章落实到全体员工的行动中，形成人人有责、人人负责，群策群力，共同维护安全的局面。

原则一：不伤害自己

在生产活动中，我们首先要保证自己的人身安全，不断提升自我保护意识，切不可因疏忽、失误让自己受到伤害。要想做到不伤害自己，就必须多学安全知识，全方位了解自己的工作，熟练掌握岗位技能，在“工作态度、工作方法、精神状态、作业行为”等方面下足功夫，严守操作规程，时刻谨记在任何时候都不要违章作业。

（1）保证自己在工作时身心状态良好，切忌怀有不良情绪作业。

（2）熟练掌握工作中设备使用，熟悉活动中的危险因素及其控制方法，遵守安全操作规程，正确使用个人防护用品。

（3）工作中隐藏着各种导致安全事故发生的隐患，因此必须要在保证百分百安全的前提下开展作业。

（4）坚决杜绝侥幸、自以为是等不良心理，一时大意便会导致不可逆的伤害。

（5）积极参加各类安全教育培训，提升辨别危险和处理突发事件的能力。

（6）虚心接受他人对自己不安全行为的纠正和制止，从而把危险降到最低。

原则二：不伤害他人

在不伤害自己的基础上，员工必须要对自己的行为负责，在任何生产活动中都不能因自己的疏忽或失误对他人造成伤害。人的生命是最宝贵的，生命只有一次，绝不允许由于自己的过失让他人付出生命的代价。为此，我们必须绷紧安全弦，时刻保持警惕，杜绝违章作业，严守劳动纪律。

（1）在生产活动中，我们的一举一动都会对他人产生影响，所以必须懂得尊重他人生命，不违规违纪，不为安全留隐患。

（2）当身处陌生作业环境，或开展新的生产活动时，要事先沟通并了解各种设备、工作流程和周围环境。

（3）在启动、维修、清洁和保养设备时，必须在确保不影响他人的前提下进行。

（4）当自己意识到某些危险，或因自己的行为造成某些危险时，要及时通知受影响人员，尽快消除危险或竖立警示标志。

（5）确保自己完全理解各种安全规定、标识和指令后，再认真执行。

（6）管理人员要及时制止员工出现的各种危害行为，绝不默许纵容，以免员工习惯成自然，轻视一切违章行为。

原则三：不被他人伤害

在工作中，有些员工会因他人出现的违章行为受到伤害，所以我们自己必须提高防范意识，对身处的工作环境有全方位的了解，熟悉现场工器具等设备的正确使用方法，在必要时进行“自救”。事故都具有隐蔽性、突发性、不可预知性等特点，因此提早防备才会免受伤害。

（1）提升自我防范意识，时刻保持警惕，当发现危险时及时上报相关部门。

（2）向同事分享自己所了解的安全知识和防险经验，并主动向他人学习各类安全技巧，共同提升事故预防技能。

（3）重视潜在危险，并尽量远离，除非得到充足防护，否则绝不靠近危险。

（4）及时制止他人的不安全行为。

（5）遇突发事件时保持冷静，合理使用自己掌握的各种安全技能。

（6）以“不受伤害”为原则，果断拒绝他人的违章指挥，即使是上级，只要发现存在安全隐患也应当立即指出，绝不拿自己的生命当儿戏。

“三违”是做好安全工作的“绊脚石”“拦路虎”，更是安全的底线，一经触碰就会伤己伤人，因此在工作中除了巧用“三严”“三不”来对付“三违”，更应该从意识和思想上下手，形成“人人反违章，人人保安全”的态势，真正把反违章进行到底，把安全落到实处。

7. 纠正违章行为，将风险扼杀在摇篮之中

在现场安全管理工作中，违章行为是最让人头疼的问题，任何一个安全管理者都不敢保证百分之百消除了管理范围内的违章行为。不过，这并不能成为放任违章行为的理由和借口，我们在一切生产活动中必须保持警钟长鸣，尽最大努力减少违章操作，降低因违章操作带来的人身伤害及财产损失。

违章操作是可怕的，也是令人深恶痛绝的。要想保证安全，就一定要牢记“遵规程、不违章”的理念，否则一定会尝到违章的苦果。

某煤矿中采六井班组成员正在执行施工探巷、正常进尺的作业，在打完第二遍炮眼，放炮结束后，局部通风机关闭，开始正常出煤。当快出完煤时，一名组员却在井下点火吸烟，瞬间引起瓦斯爆炸，导致5人死亡，2人受伤。

后经事故调查组调查发现，该探巷工作面关闭局部通风，导致瓦斯大面积积聚，组员吸烟致使瓦斯爆炸。此外，该矿井管理混乱，缺乏合乎规格的机械通风系统，在关闭井下局部通风机后并未安排专门的瓦斯检验员。再则，矿井以包代管，不重视安全管理，没有贯彻落实入井检身制度，作业人员带烟、带火下井情况屡屡发生。甚至于，该矿在招聘员工时不经培训便让他们上岗，导致作业人员安全意识薄弱、安全素质过低，更缺乏必要的防护意识，这些违章行为叠加在一起，引发了此次伤亡事故。

在生产活动中，我们都渴望身处“人人关心安全、事事注意安全”的良好工作氛围之中，但是个别有违章行为的员工却破坏了这种安全氛围，将自己和他人置于危险的境地。那么，如何才能有效治理违章，让违章行为变得“可控”，甚至在刚刚出现风险苗头时便将其扼杀在摇篮之中呢？

首先，立足管理，“先治本，再治标”。治本的关键便是纠正管理违章。很多管理层对管理性违章的视而不见是埋下安全隐患的根本，不少违章行为看似发生在员工身上，可是追根溯源，还是安全管理上存在漏洞，久而久之，员工会不知不觉地开始“钻空子”，安全意识越来越弱，最终导致违章行为。

所以，管理人员有必要加强学习，提升执行能力、管理技能，把安全责任真正落实到岗位、落实到人头，这样才能从根源上找出“病根儿”，避免“哪里漏水堵哪里”的无计划管理情况。

其次，强化管理人员约束机制。安全生产要与管理人员的业绩考核挂钩，让安全成为管理人员收入、晋升或评优等的决定性因素，这样就会有效地制约管理人员的思想和行为，让他们不敢轻视安全、不想轻视安全。

再次，严格执行规章制度。标准化、规范化管理势在必行，这是保障各项工作顺利、安全推进的最佳方式。制度落地，才能让员工遇到问题时知道该怎么办，问题出在哪儿，由谁来负责等，从而达到“执行制度是关爱自己、违规违章必受处罚、遵规守纪赢得赞誉”的良好效果。

最后，形成具有企业特色的安全文化。优秀的企业文化可以激发员工的凝聚力、向心力和行动力，更会增强员工的认同感。所以，当安全成为企业文化的一个主项，员工就会在潜移默化中自觉遵守各项安全制度和规范，把保证安全内化为一种自觉行为。

纠正违章行为需要企业和员工共同努力，企业在这个过程中应起到引导、监督和把控作用，员工则要在企业的安全方针指引下，强化自身安全防范意识，增强责任心，提升安全素养，与企业携手共建安全事故防火墙，将风险拒之千里之外。

某矿业公司推土机工岳某在作业之前为推土机加完油后，发现推土机并不能正常启动，班组长何某见状便开始检查推土机，他发现是电瓶缺电，于是采用钩车的方式，即用另一台车的电瓶与缺电车的电瓶相连，启动车辆。

由于缺电推土机紧挨着油库，不便操作，所以何某把另一台推土机开到了缺电推土机的右侧，用铲子把它向前推动了5米左右。突然，何某听到油库工吕某的呼喊声，让他立即停车。停车后，何某下车看到岳某倒在了缺电推土机左侧履带的前面空地上。

原来，何某在驾驶推土机时没有看到身处缺电推土机左侧履带后面的岳某，所以推车时直接把岳某绞入履带和上方走台之间，导致岳某跟随履带往前移到履带前面，身体受到严重挤压。之后岳某被立即送往医院救治，可最终因抢救无效身亡。

这起本不应该发生的事故便是因为员工的违章行为导致的。何某违反了安全确认制的规定，违章启动推土机是造成这次事故的直接原因和主要原因；岳某站在履带上也同样违反了相关规定，同样是造成这次事故的直接原因和主要原因。

安全事故大多都是违章导致的，案例中发生的人间悲剧更是由违章行为直接而来。违章行为如同一枚定时炸弹，一旦爆炸，势必会造成不堪设想的后果。俗话说，“斩草要先除根”。在强调安全的同时，必须先做到不触碰违章这根导火索，让它永远没有被“引爆”的机会，如此才能将风险扼杀在摇篮之中。

8. 加强安全监督，杜绝习惯性违章

在安全管理上有这样一种说法：习惯性违章就是故意违章。细细想来，这种说法有一定的道理。既然叫“习惯性违章”，就意味着违章行为发生的次数至少在两次以上，也表明行为人有“明知故犯”的心理。简单来说，某一行为是明显的违章行为，可行为人仍然不以为意，一错再错，这自然会导致安全事故的发生。

习惯性违章是一种违反安全工作规程、长期反复发生的作业行为，

也是导致生产事故发生的一个主要原因。为此，我们一定要加强安全监督，采取有效措施，从根本上杜绝习惯性违章。

某跨江大桥作业现场发生了一起严重的安全事故。当时，施工钢丝绳吊篮将23名工人运往作业现场上晚班，可由于平衡物断落打在吊篮上，导致11人当场死亡，其余12人也都不同程度地受伤。

相关部门针对此次事故的调查结果显示，项目部门、吊篮操作人员和工人均有不服从管理的情况，而这种不服从恰恰是习惯性违章的表现。

项目部门：在安装好缆索吊篮之后，还没有经过质检部门安全检测便直接投入运营，同时还违反了吊篮管理的相关规定，违章运送工人上下班。

吊篮操作人员：当时质检部门发现了作业现场存在违章运送工人上下班的问题，所以立即让吊篮停止运行，待仔细检查后再做决定，并且制作了不允许载人的警示牌。之后，质检部门经过检查还发现吊篮钢缆存在严重的安全隐患，随后向相关人员发出警告。可是，即便如此，吊篮操作人员依然故我，继续违章操作。

工人：作业现场上下班路程较远，所以工人并没有把不允许载人的警告放在心上，依旧用吊篮上下班。

不难看出，这起事故便是三方的习惯性违章导致的。他们都有各自的违章理由，而且也可以了解到他们以往曾不止一次违章，所以习惯成自然，即便质检部门已经给出警告，即便他们本身也已经知道存在安全隐患，却还是不去整改，从而引发了惨剧。

习惯性违章的危害巨大，因此企业与员工一定要引以为戒。那么，要如何有效预防习惯性违章呢？

企业角度

第一，提高思想认知，重点抓反习惯性违章的预防。第二，做好基础性工作，打牢“安全地基”，实现超前预防。第三，未雨绸缪，见微知著，严控严抓一切安全隐患苗头，让违章难成“习惯”。第四，举一反三，做好整改工作。第五，制度落地，责任到人，让全员自觉预防、主动预防，抓好每一个环节，尤其是重点和薄弱环节。第六，找到事故发生规律，掌握预防主动权。

员工角度

第一，员工要明确预防习惯性违章工作的目的和价值，端正态度，消除模糊意识，养成排险除患自觉性。第二，全面系统地学习本岗位安全操作规程。第三，清楚地认识到自身习惯性违章行为的害处，努力戒除。第四，当他人制止自己的习惯性违章行为时，要虚心接受，用心改过。第五，当发现生产活动中出现习惯性违章行为时，要敢于制止，将其消灭在萌芽状态。第六，善于从正反两方面的各种事例中总结经验，不断提升自己的防护能力。

习惯性违章是安全事故发生的最大隐患之一，杜绝习惯性违章也是一项长期的工程，但我们不能因为时间长、效果不明显便放弃消除习惯性违章的决心。为此，要抓好五个“结合”：预防习惯性违章与安全风险抵押相结合、预防习惯性违章与安全标准化作业相结合、预防习惯性违章与“创一流”工作相结合、预防习惯性违章与安全检查相结合、预防习惯性违章与安全竞赛相结合。

在生产活动中，习惯性违章的成因多种多样，十分复杂，既有主观因素，也有客观因素；既有企业在管理上的漏洞，又有员工对自身要求不严，对规章制度落实、理解不到位等。具体表现如下。

第一，惰性因素。有些员工在工作中粗心大意，总是为了图省事而走捷径，结果导致安全事故的发生。实际上，他们并不是没有能力做好自己的本职工作，只不过是怕麻烦、怕受累，所以习惯性地敷衍了事，只要过得去、差不多就行了。这种惰性心理会为习惯性违章提供滋生的土壤，从而让工作始终伴随着风险。

第二，心存侥幸。心存侥幸的员工总会认为有点违章算不得什么，认为一次安全事故的发生是由多种原因造成的，自己的违章行为根本起不了决定性作用，久而久之，他们会一而再、再而三地不断违章。此外，当他们单独作业时，认为别人看不到，自己有违章行为也无所谓。

第三，素质不高。不少员工并不能完全掌握企业制定的各项规章制度，对各项标准更是一知半解，在工作中全凭经验和习惯，自然很容易产生安全隐患，从而引发各种安全事故，这是员工个人素质不高造成的必然结果。

第四，安全管理存在缺陷。企业在安全生产中仍然占据着主导地位，一旦安全管理不到位，各项规章制度不能有效落地，就会造成员工违章作业，加之一些管理人员不能准确、严格地监控、指导、考核作业人员，更会为员工的各种违章行为打开方便之门。

杜绝习惯性违章需要企业和员工的共同努力，企业要在宏观上做好监督与把控，员工则应在微观上有效落实与执行企业的制度和规定，如此才能由上至下，从根源上破除恶习，远离习惯性违章。

第六章

重视隐患排查，防患胜于救险

安全无小事。企业的安全工作体现在细微之处，任何环节的松懈都有可能造成严重的后果。我们在生产管理中，必须抓住细节，及时“堵漏洞”“控违章”，把危险消灭在潜伏之际，把事故化解在爆发之前。

1. 辨识危险信号，发现事故背后的征兆

任何事物的发展都要经过从量变到质变的过程，生产事故也是如此。在事故发生的前期，往往会出现一些征兆，例如，煤矿发生冒顶事故之前，由于岩层下沉断裂会发出劈裂声或出现顶板掉渣的情况。这些征兆就是发生事故的危险信号，如果没有对此引起足够的重视和警惕，没有及时采取相应防范措施，将不可避免地发生事故，且会造成一定的损失。

密特斯雷德曾概括出事故错误链条的发展模式：首先，一个小的错误或事故发生了，没有被发现或没有被解决；随后发生的事件加剧了初始事故的破坏力和严重性；有关人员不相信，也未能立即评估问题的严重性，在试图解决问题的同时，也在试图掩盖问题；当突然意识到情况已经完全失去控制时，重大灾难性事件发生；最后，在对事故进行的调查和反思中发现，错误链的第一环——起始的“小问题”总发生在人们没有考虑的地方。密特斯雷德的理论正是说明了“千里之堤，溃于蚁穴”的道理。我们想要避免事故的发生，避免导致损失，就要善于观察和发现事故的危险信号，重视事故发生前的征兆，不放过工作中任何一个异常情况，通过征兆查出问题、找到漏洞，将事故遏制在萌芽里。

一天，某厂的车间准备运输一个大型电解槽的阴极内衬。这个阴极内衬的重量超过6吨，需要通过吊车吊起后移动到卡

车上。

吊运作业开始时比较顺利，吊车将阴极内衬吊到距离地面4米左右的高度，然后缓慢地移向卡车的上方。在这个过程中，系阴极内衬钢丝绳由于物品过度抻拉而严重细缩，但是现场的作业人员并没有及时发现这个细节。就在吊车准备将阴极内衬下降到卡车上时，意外发生了——系在阴极内衬的钢丝绳突然断开，阴极内衬脱开绳子重重地砸在卡车的后厢板上。顿时，碎裂物向四周飞散。幸运的是，在场的职工距离吊运作业的位置较远，并且注意力集中，发生坠落事故时迅速躲闪，并没有造成人员伤亡。但是，卡车的厢板被砸得严重变形，导致车辆报废。

后经过调查发现，发生这起事故的原因是系挂钢丝绳的工人并不懂吊运作业的专业技术，不仅将本应用的四根钢丝绳减少到两根，而且钢丝绳之间的夹角过大，造成应力集中。当阴极内衬被移动到卡车上方时，系挂阴极内衬的钢丝绳因承受不了过大的应力导致断开。正是工人专业知识的欠缺，采用了错误的钢丝绳系挂方法，埋下了事故隐患。另外，在这次吊运作业之前，车间的负责人并没有按照规定通知厂里的安全管理部门以及相关的设备管理部门，没有专业的技术人员到现场进行安全检查和作业指挥，也致使安全隐患没有被提前发现。

在上述案例中，工人专业知识的缺乏以及缺少安全监督为事故埋下了安全隐患。“钢丝绳紧缩”这个小细节就是事故发生的危险信号，如果在现场的作业人员能够注意到这个信号，及时停止吊运作业，这场事故也许就不会发生。由此可见，及时地发现并处理预警信号十分重要，很多事故本可以“大事化小，小事化了”。而在实际的生产过程中，发现这些事故的预警信号的确不是一件容易的事情，因为这些信号往往很细微，不容易被人们观察到，即使观察到也很容易被忽视。

事故的预警信号不容易被发现的另一方面原因也在于人的认识水平有局限。不同企业的管理者或员工，每个人的技术能力、工作经验都不相同，认识问题的能力也有高低之分，因此，发现事故预警信号的能力以及正确处理的能力也会有所差别。这就需要员工在工作中勤于磨炼作业技能，多积累先进的工作经验，提高发现和解决问题的能力。同时，“认知水平”不仅在于工作能力还包括工作态度，即员工在作业过程中要对工作有认真、负责的态度，保持高度的安全警觉性，养成细心谨慎、遵规守矩的工作习惯。有了良好的工作态度再加上扎实的工作技能，员工就相当于具备了一双可以发现问题的“慧眼”，在事故发生前更容易“扫描”出问题所在，把事故消灭在萌芽状态。

王亮是一名施工现场的塔式起重机操作工，从事塔式起重机作业已有四年之久，从未出现过安全事故。他有个习惯，那就是在攀爬的过程中，他不仅会手脚麻利地往上攀爬，而且还会时刻关注着起重机的安全，看看它的角钢有没有开裂、焊点是否牢固，以及塔吊的声音是否正常。

有一次，王亮刚从塔吊上下来，正要离开，却突然发现一根柱子上面的角钢出现了一道细微的裂缝。王亮原本已经下班，但他顾不得休息，立刻把情况上报，上级也非常重视，很快就赶到了现场，暂停了工程，并且安排专业人士对塔吊进行了详细检查，检查出来的结果让大家震惊不已，因为塔吊的角钢上，已经出现了许多裂缝，如果没能及时发现，后果将会非常严重。更可怕的是，在数十米外，就是一所学校，如果这座百米高的塔式起重机倒塌，将会给无数的孩子和家庭带来灭顶之灾。经专家调查、取证、检验和分析，认为塔式起重机的开裂主要是由于生产单位的产品质量不过关，未按施工工艺要求选用钢材。正是因为王亮的良好安全习惯，才没有发生重大事故，公司也因此避免了损失。公司领导给王亮颁发了证书和一万元作为奖励，并请王亮向大家讲述他的工作经验。王亮笑呵呵地对众人说道：我也没什么经验，就是觉得安全问题人命关天，所以，工作过程中总是保持高度的安全意识。

安全事故是人员伤亡和经济损失的直接原因，也是企业安全生产的“大敌”。虽然事故的发生既有主观原因也有客观原因，有时单独发生作用，有时又是相互作用，但是在这其中，“人”的因素至关重要。一般来说，如果员工责任心强、工作细心、安全意识强，发生事故的概率就小；如果员工责任心差、工作马虎、蛮干硬干，相对就会容易发生事故。因此，企业不仅要将预防工作作为安全管理的立足点，将辨别事故危险信号作为预防工作的重点，还要全面提升员工的安全意识和事故防范能力，让员工在工作中做到“四要四不要”。

一要做好准备，不要盲目作业。员工不仅需要了解工作流程，还要熟悉工作中的各项注意事项，这样才能在发生微小异常情况时及时察觉。

二要掌握方法，不要仓促行事。发现有可能发生事故的苗头，能够采用有针对性的方法和措施进行处理，有效地遏制事态恶化。

三要积极学习，不要故步自封。要多学习其他人和其他企业的安全事故案例，从中总结经验，做到举一反三，并反思自我，找出自己在工作中遗漏、忽视的安全环节，不断积累安全作业经验，提升安全防范技能。

四要及时纠错，不要一错再错。如果发生了安全事故，要正面对待，勇于承认错误，并及时纠正错误行为，采取相应的补救措施，极力避免事故继续恶化以及同类事件的再次发生。

2. 排患有章法，遵循流程才能不留盲区

安全检查的目标是通过日常的安全检查，对生产过程和安全管理中存在的隐患、危险因素、缺陷等进行全面排查，从而发现生产的薄弱环节以及事故隐患，并采取有效的解决方法和措施，确保生产安全。

安全检查作为一种重要的安全管理方法，对企业的安全管理具有十分重要的意义。安全隐患检查的范围应当涵盖与生产、经营有关的一切场所、环境、人员、设备和活动。

工长老孙已经习惯了每天都要在装置区巡检一遍，查看各方面的安全情况。春节期间，大家都在放假，老孙在工厂值班，照常去装置区进行巡视。巡视结束后，老孙回到了自己的办公室，开始翻阅资料。

快到中午12点的时候，老孙突然听到一种奇怪的响声。老孙做事一向谨慎，立刻警惕起来，凭借着丰富的经验，他觉得是三合一装置出了问题。三合一装置是原油处理系统的核心部件，它可以实现原油的加热、脱水和油气分离，一旦出现问题，就会造成巨大的事故。老孙连忙从办公室里跑了出来，查看三合一装置，只见一号三合一装置的烟囱里正冒着一缕青烟。一般来说，这个烟囱应该冒出白色的烟雾。“糟糕，真的发生了故障。”老孙拿着对讲机，向主控室的负责人和领导汇

报，然后飞快地去了配电室，将所有的电源都给关掉。在老孙的指导下，一部分人关闭了出口阀门，另一部分人则关闭了三合一装置的油入口和出口阀门。时间一分一秒地流逝，一股紧张的气氛笼罩着作业区域，直到最后一道阀门被关上，设备停止运转，所有人才放松下来。

经过专家们的检查，三合一装置里的火管已经严重变形，如果不能及时关闭，将会造成严重的后果。在召开事故分析会议时，大家一致认为正是老孙对安全的重视，才使安全事故得以避免。

从上述案例中我们可以看出，如果老孙的安全意识不强，对安全工作漠不关心，那么一个小小的故障就很可能会导致悲剧发生，所以，员工安全意识的强弱直接影响着企业的安全生产，也关系到自己和别人的安全。

每年，因为疏忽而导致的事故在全国各地都时有发生，给了我们一个又一个教训，因此，所有的员工都要提高警惕，不要等到意外发生了才后悔。

企业的安全检查是发现和消除隐患的更有效、更直接的方式。安全检查要遵守一定的章法，例如在检查中发现的一般安全隐患，要立刻进行整改；对无法立刻解决的问题要进行跟进，采取临时的应急措施，并在规定时间内进行整改。安全检查过程中，要坚持领导和群众相结合、综合检查和专项检查相结合、检查和整改相结合的三个原则，确保安全检查制度化、规范化。对发现的问题进行分析找出原因，并采取相应的整改措施。对存在的安全隐患，要按定措施、定负责人、定期限、定资金来源的“四定”要求进行整改。

许多安全隐患是我们无法用肉眼看到的，需要从专业的角度去分析，找到问题所在，并通过整改、复查等闭环管理，将各种事故扼杀在萌芽阶段，确保操作人员的生命安全，降低经济损失。所以，要采取多种方法加强对安全隐患的检查。

（1）直觉体验法。它是指根据工作人员的观察、分析、经验、判别等能力，以直观的方式对目标的危险进行评估，并做出相应的预测。

（2）基础分析法。针对某项作业，对照危害源分类中物的不安全状态、人的不安全行为和管理上的缺陷三个方面，确定本项作业活动中的具体安全隐患。

（3）工作安全分析法。这种方法是将一个工作分解为若干个工作阶段，对各个工作环节中存在的安全风险进行检查。

（4）安全检查表法。利用已编制的安全检查表格进行系统性的排查，发现安全隐患。

（5）安全标准化。对机械设备、作业环境、职业健康管理、安全管理等进行评分和评定，隐患的排查可以参照考核表进行，不合格的项目就是存在的安全隐患。

安全检查的范围和内容涵盖各个层次，从安全生产管理制度、法规到生产实践，从关键问题到隐患，从生产设备、工艺到安全实施、现场环境，从员工思想到员工作业安全，每一个环节都要做好安全检查。安全检查要有目标，要有明确的需求和规划；要定期检查，抓落实、抓整改，不走过场、不搞形式主义；严格落实日常工作中的巡检制度，严格落实巡检工作；加强交接班的巡查，做好安全隐患的移交工作；加强对员工的监督和整改，严格考核，合理奖罚，让员工做到主动整改；做到“四个及时”，即及时查找发现安全隐患，及时进行汇报协调，及时组织整改解决，及时做好记录台账；定期组织检查与随机抽查结合起来，如查岗或结合活动、工作需求随时安排检查；每月进行一次全面、完善的安全检查；按照要求进行专项检查，如消防设施、机械设备、车间用电、防火、防汛等专项检查；重点设备、重点部位的检查，如每日一次的重点危险源的检查；必须落实安全隐患整改责任制，落实责任人和整改期限，仅检查不整改，等于没检查。

事后采取再多的补救也不如事前防范。我们一定要将安全问题放在重之又重的位置，认真、按时、有效、有章法地做好安全问题的排查工作，及时发现存在的问题，避免小隐患造成大事故，不断加固安全防线。

3. 隐患如“炸弹”，争做“拆弹专家”

员工在生产一线最接近安全隐患，也最清楚哪里容易出现安全隐患，只有把员工作为排查隐患的主要力量，才能有效地保证生产安全。但是，一些企业并没有充分发挥职工的作用，员工也缺乏排查安全隐患的积极性，对生产设备设施存在的安全隐患、人员的不安全操作等问题熟视无睹。企业要始终绷紧安全生产这根弦，树立员工的大局观、安全忧患意识、危机感，对存在的安全隐患采取“零容忍”的态度，充分调动员工的力量，为企业生产安全构筑起一道坚固的“防火墙”。

某家大型工厂有这样一支年轻班组，他们由 11 人组成，特殊的工作性质和工种对这个班成员的要求也极为严格，用主任的话说，他们不仅要有相关专业的学历、具备较强的专业能力和丰富的工作经验，更要具备任劳任怨、敢于创新的精神。有一次，车间 2 号整流变压器报轻瓦斯动作信号，凭借经验，班组成员很快确定了故障点来自继电器集气箱，通过对色谱分析发现烃类气体含量严重超标。车间当即停运 2 号机组，对 2

号整流变压器进行全面试验及外部检查，及时排除了故障，避免了一场大型安全事故的发生。

要想调动全体员工排查隐患的积极性，就要明确企业法人、安全负责人、安全员、职工的安全责任，健全企业、车间、班组，特别是广大职工隐患排查、治理的激励机制，实行企业安全隐患自查、自改、自报工作机制，做到安全隐患排查人人参与，实现安全隐患真查、真改、真报，并制订安全隐患排查方案，按照“定人”“定时”的原则，确保每个人都有自己的责任，确保不留死角、不留后患。对于尚未整改的安全隐患，要立即进行整改，绝不能让隐患变成事故，要将其消除在萌芽状态。

大量的事故案例表明，职工的不安全行为是导致安全事故的主要因素，许多员工在实际操作中，漠视安全规章管理制度，严重违反安全操作章程，违规违章作业的现象时有发生。对于员工而言，不管是哪种安全隐患，都有可能导致生命危险。因此，员工的安全意识是积极排查隐患的前提，企业在调动员工积极性的同时应加强对职工的安全教育，让员工深刻意识到安全的重要性，这样员工才会发自肺腑地对安全问题引起重视。具体实施方法如下。

（1）提高员工对安全的认识

①让员工学习先进的安全理念，熟悉企业的规章制度，并将其铭记在心，使之成为一种自觉的行为。

②在企业中开展多种形式的安全宣传活动。

③让员工参加公司的安全管理和监管工作，体会到企业安全工作的重要性。

（2）加强员工的安全技能培训

按照企业和岗位的不同性质和特点进行安全培训，并严格执行各种安全生产培训制度，坚持不培训不上岗。

①新进人员应在入职之前进行一至三次安全培训。

②特殊操作人员应接受特殊工作人员的安全培训。

③对复工转岗人员进行安全培训，加强专业安全知识和专业安全技术培训。

④在对工艺、材料、设备、产品进行更新时，要进行相关的安全培训。

⑤在日常工作中，要进行季节性安全培训、节假日安全培训。

⑥加强员工对突发事件应急处理的培训。

（3）积极进行安全检查

众多的事故教训表明，要想从根本上实现安全生产，必须居安思危，以防万一。

①鼓励员工要及时发现事故隐患，查找原因，及时报告危险情况。

②鼓励员工主动进行自我检查，例如安全制度的落实情况、安全设施的完好情况、安全常识的掌握情况。

③对于易发频发事故，鼓励员工要积极配合专项整治。

（4）多方面做安全提醒

①在施工场地设置安全警示线、安全警示牌、安全标志等，让员工时时关注安全。

②在实际工作中，班组长和安检员要经常提醒员工注意安全，做到班前有交代，工作时有要求，下班后有总结。

（5）领导多与员工谈心

实践证明，在工作中，员工的心理改变与工作中的意外事件存在一定的关系，对情绪不正常的员工，领导要及时与其沟通，让员工的不良情绪得到缓解和释放，避免员工将不良情绪带到工作中，从而避免发生安全事故。

（6）鼓励员工相互交流

①组织员工定期交流典型安全事例，总结经验，提高安全生产的自觉性。

②定期与安全生产意识强、安全工作成绩突出的员工分享安全经验，消除其他员工的安全盲区。

③鼓励员工经常与安全管理人员或其他同事交流工作心得，互通有无，研讨和解决安全生产中的问题。

（7）鼓励员工做自我整顿

①让员工养成集中精力工作的习惯，不要带着麻木的心态工作。

②要加强作风建设，注重所提到的典型问题，对奖惩问题进行正确处理。

（8）鼓励员工参与安全管理工作

①让员工主动掌握公司及所在单位的安全生产情况，敢于提出建议，提高安全管理水平。

②鼓励及时发现事故苗头、及时报告异常情况。

（9）经常组织事故应急实战演练

让员工了解事故处理的基本流程和方法，熟练运用各种安全设备和工具。

4. 排患“三字经”：细、严、实

安全并不是独立于工作之外的单独事项，而是存在于工作中的各个细微之处。虽然每个人所处的岗位不相同，但都是由一个个细微的环节构成的。在这些细微的环节中，只要有一个环节出了差错，“小事”就会变成“大事”，正所谓“千里之堤，溃于蚁穴”。因此，在工作岗位上、在安全问题上，我们不能哪个环节能带来直接的利益，就注意哪个环节，而应每个环节都要一视同仁地对待，因为每个环节都有可能出现危险，我们时时都要提高警觉，做到细、严、实，从而将大事化小，小事化了。

某企业曾经发生一次锅炉沼气爆炸事故，这场事故导致锅炉两侧的隔热层脱落，给企业造成了严重的损失，所幸未造成人员伤亡。

事故当天，锅炉炉膛温度仅有829摄氏度，车间里的锅炉操作工王某看到炉膛温度偏低，想通过点燃沼气加热的方式来升高炉膛温度，于是，王某违规向炉膛内输送沼气。这时，锅炉的安全联锁装置并没有发出报警，因此也没有引起王某的重视。由于炉膛内温度过低，沼气在炉膛内未能及时被点燃，在与空气混合达到爆燃极限后发生了爆燃。

其实，这场意外事故早在之前就埋藏了隐患。企业的安全技术人员虽然对锅炉的安全联锁装置进行了技术改造，但没有设置严格的拆除权限，车间的主要操作员误以为可以随便拆卸安全联锁保护。在实际运行中，只要锅炉的压力、温度、流量等稍微有异常，安全联锁系统就会发出警报，所以，锅炉操作工为了提高生产的精度，擅自拆卸了安全联锁装置，这就导致操作人员未能及时发现异常状况，发生了这场事故。

安全生产管理，必须在制度上做出详细的规定，并且在细节上一层一层地落实。

安全排查工作要突出“细”字，即要求精细的安全管理必须在细节上下功夫，求真务实，一点一滴地积累和坚持。精细的安全生产管理体系可以因时制宜、因人而异，以不变应万变。

安全监管工作要突出“严”字，即日常要求要严格，落实措施要严密，岗位责任要严明，监督检查要严细，基层基础要严实，事故查处要严肃。企业要做到精细的安全管理，不仅要注重细节，还要有一套完善的制度来确保。要做到万无一失，就要把工作具体化、责任化、措施化、目标化，每一项任务、每一件事都要落到实处。要因地制宜、结合实际、结合生产实践，总结出一套有针对性的管理体系。

日常安全工作要突出“实”字，安全管理就是要营造一种人人都能参与的气氛，要从长远的精细化管理、激励机制和正确的思想引导等方面逐渐加深对精细化管理的认识，逐步形成人人自觉遵守各项精细化安全生产管理规定的浓厚氛围。这是一种高度专业化的安全管理，也是公司文化升华的必然过程。我们每个人都要互相提醒、互相监督，创造出一种更加深入、更加细致、符合公司文化要求的安全生产管理环境，这样才能真正构筑起我们生命安全的“万里长城”。

根据细、严、实的事故排查方针，企业要预先制订好事故排查计划、找到有效的执行方法，并在排查过程中遵循排查的要求和标准。

排查事故隐患的方案

（1）制订详细的排查计划

在进行隐患排查之前，必须要有一个周密的计划，由负责安全检查的组长来制订。对特殊隐患进行检查，要有明确的目标和要求。

（2）确定排查范围

每一次安全隐患排查，都要按照检查的目标来确定。

（3）制订排查要求

在隐患排查工作方案中，必须明确排查的条件，包括接受检查单位的态度、检查人员的职责、检查程序等。

（4）明确排查资料

①对被检查区域内的相关从业人员进行访谈。

②查阅相关的安全管理文件、记录等。

③观察并记录现场环境、设备、工艺、指标、标识、操作等，如有需要，应使用仪表进行测量。

（5）分析信息和数据

经过分析，找出物、人、环境、管理方面的主要问题。

排查事故隐患的方法

（1）隐患排查的范围应当涵盖与生产、经营有关的一切场所、环境、人员、设备和工作。

①风险检查应涵盖所有人员（包括所有外部人员）、所有活动、所有场所（公司内部和外部租用场所）、所有设施（建筑物、设备）、三个时间（过去、现在和将来）、三种状态（正常、异常和紧急）。

②特殊或专门的检查可以针对具体的目标，但是要彻底检查所有的场所、环境、人员、设备，以及所有的操作和管理活动。

③在某一特定时期，由公司组织的各类检查应覆盖所有场地、环境、人员、设备以及所有的操作和管理工作。

（2）应采取定期综合检查、专业检查、季节性检查、节假日检查、日常检查等方法对安全隐患进行检查。

①定期的综合检查是一项以落实岗位安全责任制度为核心，由各个专业人员参加的全方位检查。

②专业检查主要是对特种设备、电气设备、机械、安全防护设备、危险物品、运输车辆、避雷设施、仪器、自动控制设施，特别是在装置开、停机前，新装置竣工和试运行期间，进行安全检查。

③季节性检查是针对不同季节特征而进行的特殊检查。

④节日期间的安全、消防、生产准备、备用设备、应急预案等检查，并对节日期间各级管理人员、检修队伍的值班安排、安全措施、原辅料、备品备件、应急预案的落实情况等进行重点检查。

⑤每日检查包括班组和岗位员工的换班检查和班组巡视，并定期检

查生产工艺、设备、电气、安全管理等各方面的工作。

排查事故隐患的要求

（1）企业应结合自身的具体情况，选择合理、有效的方法进行安全隐患的检查。

（2）企业每年应组织一次全面检查或抽样调查，各部门和班组每年应组织两次以上全面检查或随机抽查。

（3）春季施工期间的安全检查应注重防雷、防静电、防解冻、防漏等；在开展夏季安全大检查时，要注意防暑降温、防食物中毒、防台风、防洪等；在秋冬季安全大检查中，应注重防风、防冻、隔热等；在冬季的安全检查中，重点是防火、防爆、防滑、防冻、防凝、防燃气中毒等。

（4）各岗位必须严格执行每日例行的检查制度，重点对重要设备的重要部位、危险点、危险源进行检查和巡视。

5. 查一处清一处，不留丝毫隐患

提到安全隐患排查，大家脑海中就会浮现出一句话：限期整改。“限期整改”，指的是对有问题的单位进行整改。但“限期整改”的缺点很多。一是企业可以在“限期”之内“带病作业”。二是“限期”期间出现的重大意外事故的责任认定比较困难。安全监管机构已责令该企业进行整改，并对其进行了规范，而企业认为现在还没有到“期限”。三是被责令整改的企业，有可能在“限期”之内进行“活动”，争取把“限期”转变为“延期”，造成了安全隐患较长时间没有得到有效的治理。事实上，从“限期整改”到“无限期整改”，已经屡见不鲜。

但“立即整改”就不一样了。一方面，能将隐患及时排除，将发生安全事故的可能性降到最低，同时还能给其他企业一个警示，不敢再钻空子。立即消除隐患，解决问题，是一种认真负责的态度。相反，如果不重视，不及时处理，就容易发生大问题。

某钢铁公司的一家中型轧钢厂，以重油为原材料，并设置了1600吨的地下油池，但由于重油短缺，只好改用原油。为缩短卸油时间，厂内决定将常规的30千瓦油泵改为75千瓦。

在改造地下油库前一天早上，公司消防大队队长来到该厂的地下油池做安全检查，并向公司消防队员吴某提出了四点建议：①将电灯更换为防爆灯；②将油池顶部的电气设备移除；③取样进行化验；④提交一份报告，需要经公司审批。消防员吴某立即向负责安全与改建项目的副厂长报告情况。副厂长与消防队长的看法并不一致。当天下午，副厂长未经许可，就让机械师在油池上焊接了一个钢制的框架。第二天，副厂长请了一天的假，将抽油的工作交给了另一名操作工负责。当天早晨，油池中的原油基本被抽干，尽管使用了大量的明火，但是暂时没有出现意外。到下午1点左右，在油车进入油库开始卸油时，操作工仍然没有采取保护措施，继续使用明火，最终在下午2点左右发生了爆炸。此次爆炸事件损失惨重，造成死亡24人、重伤2人、轻伤21人。

从上述案例中，我们可以总结，凡能及时解决的安全隐患，应由各部门主管或相关人员及时进行整改；对于一些隐患，不能马上进行整改，但属于一般性隐患的，应当通过书面的整改指示或问题整改通知书的形式，进行限期整改。书面整改指示或者整改通知中，要写清楚隐患的时间和地点、原因分析、责任认定、整改负责人、整改方法和要求、隐患整改的时间要求等。限期整改要求全程监控，不仅要对整改成果进行“闭环”确认，还要对整改工作进行全程监控，及时发现并处理可能存在的问题，避免延误。

重大安全隐患，由企业领导牵头，制订并实施安全隐患整治计划。重大安全隐患治理计划应包含下列内容：治理目标、方法与措施、资金与物资的落实、治理机构与人员、治理时限与要求、安全措施及紧急应变计划等。

在事故隐患处理中，有关单位应采取相应的安全措施，以预防事故的发生。在排除事故隐患之前，或在排除过程中不能确保安全的，应立即将有危险的人员撤离，设立警示标志，暂时停产停业或者停止使用。对暂时停止使用的有关生产储存装置、设施、设备，应当加强维修，预防事故的发生。此外，在治理事故隐患时还要遵循以下几点基本要求。

（1）消除或减少生产中的危险、有害因素；处理危险物质，并将其降至规定的值。

（2）防止生产设备失效和运行中的危险、有害因素。

（3）在发生意外事件时，能够为被困人员提供自救和相互救援的环境。

（4）在隐患处理结束后，要对其实施情况进行检验，并评价其有效性。企业可以组织有关专家进行风险整改方案的检验与效果评价；在对隐患整改方案进行确认时，要留意隐患治理过程中是否会出现新的安全隐患；对于属于当地人民政府、安全监督管理部门和相关部门要求全部或部分停产停业治理的重大事故隐患，企业应当组织本单位的技术人员和专家对重大事故隐患的治理情况进行评估，或委托具备相应资质的安全评价机构对重大事故隐患的治理情况进行评估。

（5）按照规定妥善保管安全隐患排查治理档案。安保部按季度将公司安全隐患排查治理的报表、台账、工作记录、会议记录等归类，并将其归档，长期保存。对重大安全隐患进行调查和治理，建立“一患一档”，并进行长久保存。

6. 严防死守，落实“四不放过”

“四不放过”指事故原因未查清不放过、责任人员未处理不放过、整改措施未落实不放过、有关人员未受到教育不放过。

“四不放过”的工作方针，就是要认真地调查和处理安全生产中的工伤事故，吸取教训，避免再犯类似的事故。展开来说，它有四层含义。

第一层含义是指在调查和处置人员伤亡事故时，必须对事故的成因进行详细的分析，找出造成事故的真正原因，而不是在没有发现事故的主要原因之前，就轻描淡写地得出结论，也不是把次要原因当作主要原因。在没有查明原因之前，绝不能轻举妄动，直到弄清楚事故的真正原因，弄清楚其中的因果关系，才能进行事故的原因分析。

第二层含义是要落实好安全事故责任追究制，对责任人员要严格遵守有关法律法规追究事故责任。

第三层含义是在对工伤事故进行调查、处理的时候，不能认为原因分析清楚了、有关人员也处理了就算完成任务了，而是要让事故责任者知道事故的后果，让他们从中吸取教训，在今后工作中更加重视安全工作。

第四层含义是既要根据事故的成因，认真调查和处理安全生产中的事故责任，还要制定切实有效的防范措施，防止类似的事故再次发生，这才能达到事故调查和处理的最终目的。

某卷烟厂曾经发生一场严重的火灾事故，卷烟一、二车间的机器设备、产品等物资被严重烧毁，同时，该厂的动力照明设备、天花板和墙壁以及二百多箱成品和半成品香烟都被烧毁。

经过调查，造成这场事故的直接原因是一名工人违规抽烟，点燃了一间用胶合板搭建的烟灰室里的废纸垃圾，导致火势蔓延，最后引发了一场大火。另外，在日常生产过程中，该工厂的厂长、副厂长对安全工作的漠视，致使该厂存在着严重的安全隐患，也是引发这次火灾的原因之一。

事故发生后，当地人民法院经审理后认为，车间副主任在任职期间本应抓好安全工作，但却只重视生产而忽视安全，对本车间职工违章吸烟问题制止不力，管理不严，对于车间的废烟末房变成堆放废纸、垃圾的混合用房，成为严重隐患的问题没有引起重视，使之成为火灾发生的重要因素，致使发生特大火灾，给国家造成严重的经济损失，其行为已构成玩忽职守罪。作为该卷烟厂的厂长，虽然制定了一系列的规章制度，但却没有进行必要的监督，导致火灾的发生，造成了严重的经济损失，负有不可推卸的责任，其行为也已经构成玩忽职守罪。

落实“四不放过”原则是针对各类生产安全事故处理的行为准则，不可选择性落实，否则将难以抑制生产经营过程中“小”事故的发生，更难以从各类“小”事故中总结出宝贵的经验、吸取到必要的教训。因此，落实“四不放过”原则在实际的生产过程中具有重要的作用。

第一，从事故中汲取经验，完善安全管理。

事故暴露出人员、设备、技术、环境、管理等方面的问题，应根据“四不放过”的原则，从事故中吸取教训，以经验、建议、措施等形式汇报，不说废话，让每一位员工都能从实际中发现问题，避免事故的发生。

第二，对安全风险进行警示，增强员工的安全防范意识。

虽然每个企业都有相关的法规，但有些员工并不在意，他们认为自己不会是事故的罪魁祸首。在贯彻“四不放过”原则时，可以增加一个假设：“如果我是这次事故的责任人，那么，按照《事故处理条例》和《公司安全管理条例》，我将会受到怎样的处罚?”“如果我是这次事故的受害者，我的家人会受到怎样的伤害?”……尽管这些问题只是设想，却让所有人都感受到了一次意外事件后的巨大压力，加强了对自身安全责任的认识和重视，增强了责任感和安全意识，这些都要比空洞的说教更有力。

第三，对潜在的危险进行有效的发现和排除，增强了基本的安全性。

生产安全事故是由于人的不安全行为、机器设备的不安全因素等引起的。“四不放过”绝不能空谈，要切实落实，不但要查清原因，处理责任人，落实整改措施，深刻吸取教训，举一反三，还要把安全生产的监督和防范工作做好。

（1）落实“四不放过”原则的要求

①事故原因没有查清不放过。各单位在学习事故通报的时候，是否针对有关人员的行为和设备、环境的安全情况进行分析，是否与单位的安全管理、技术管理、制度落实情况进行对比，后果分析得不清楚不能放过。

②事故责任者没有严肃处理不放过。要严格对照事故调查处理的法律法规和公司安全生产奖惩制度，事故责任者应该怎样处理就怎样处

理，如果没有按照规定处理则不放过。

③员工没有受到教育不放过。员工应该认真做事故的自我总结和反思，如果还没有吸取教训，则不能放过。

④防范措施没有落实不放过。根据单位的具体情况，结合单位的预防措施，是否制定出相应的预防措施，是否将责任落实到相关人员，如果落实不到位不放过。

（2）落实“四不放过”原则的方法

①开展人身安全事故通报，各生产单位、班组要根据“四不放过”的原则，组织事故分析会。

②通过学习日志，对有关人员的行为、设备、环境、工艺等安全情况进行分析，并对照安全管理、设备管理、技术管理、制度落实等情况进行自查，能解决的自行整改，需要上级部门协调解决的报相关管理部门备案，由相关管理部门协调责任部门整改。

③按照“谁检查、谁签字、谁负责”的原则，企业对整改和防范措施的落实情况进行检查，对落实不力者，按照公司安全管理制度追究单位安全第一责任人的责任。

④各班组要及时总结经验和问题，解决好安全工作中的薄弱环节和突出问题，不断提升安全管理水平。

第七章

应对有术，排险除患“五策略”

企业要做好安全预防工作，就需要运用各种方法找出潜在隐患，并运用有效策略排除安全隐患。在这个过程中，要重视调动全体员工的积极性，提升其工作技能和安全防护能力，通过全员共同努力降低安全事故发生概率，减少事故造成的损失。

1. 普及安全知识，学会“主动安全”

安全是一个家庭和谐幸福的基础，一个公司的安全就是发展，一个国家的安全就是实力。安全工作不到位，其他一切工作都将没有保障。随着经济发展和文明进步，人的生命价值越来越受到重视，安全生产着眼于人，旨在保护劳动者的生命安全和健康，体现了以人为本的先进思想和科学理念。

每年，因为疏忽而导致的事故，在全国各地都有，所有员工都应提高警惕，不要等到意外发生了才后悔。

近几年，某煤矿以安全文化建设作为重点，形成了一条以文化引领安全、人与企业行业共同发展的道路。为了使广大职工树立“安全第一”的观念，提高“主动”意识，企业充分发挥工会组织宣传教育的职能，大力开展了一系列群众安全教育活动。先后开展了“平安幸福你我他，安全靠大家”等安全理念教育活动。并且在全矿员工中开展了“平安是福、安全是钱”的大讨论，逐步把全矿员工的安全观念引领到安全是生命、安全是幸福、安全是效益、安全是钱的轨道上来，从而增强了员工“我要安全”“我会安全”的自觉性。

同时要加强职工的情感教育。为了让职工了解安全工作的重要意义，认识到安全生产对个人和家庭的重要作用，企业采取多种形式的情感教育活动。工会在全体职工中开展了“你是家中的梁、你是父母的心、你是妻子的天、你是儿女的山”的情感化安全教育，通过班前会的形式，让全体职工的心灵受到震撼，深刻地认识到安全是个人和企业生存发展的基础，也是每个家庭幸福的根基。

此外还注重加强安全文化的宣传。近年来，企业在管理上不断创新，在安全文化上形成了一种独特的文化氛围。例如：唱安全歌，背安全誓言等，这些活动都激励着全矿员工共同努力实现安全生产的目标。

虽然我们不可能做到完全杜绝事故的发生，但强烈的安全意识却能让我们防患于未然，将事故消灭在萌芽状态。

很多员工往往认为“安全是为了检查”“安全是领导的事”“安全跟自己没关系”……正是这种错误认知，致使他们不把规章纪律放在眼里，在行动上经常违规，甚至违规时还漠视他人的劝告。要想让员工学会主动安全，企业要加强对员工的安全教育培训，树立安全观念。通过对员工进行安全教育，可以防止由于“无知无畏”“图快省事”等观念而导致的违规。安全教育培训的内容包括以下四个方面。

（1）安全知识的培训

掌握必要的安全知识，能让员工对工作中的风险因素有一个清晰的认识，知道什么是违章行为，也清楚违章的危害，让安全和责任在员工心里扎根。

（2）安全制度的培训

组织员工学习企业及部门的安全规章制度、安全规程及安全工作规范，了解违规的处罚条例。只有这样，员工们才能遵守规章制度，事事想到安全第一，形成“不安全不工作”的意识。

（3）安全技能的培训

让员工熟练掌握创伤急救、触电急救、正确使用消防设备、火灾疏散逃生等必备的安全技能。学会和掌握了这些技能，员工在紧急情况下可以采用科学的方式，将伤害降低到最低，避免因为救援不当而导致的结果恶化。

（4）事故通报的学习

员工通过对企业事故的通报、企业内部违规情况的学习，可以增强安全意识。同时，通过事故的惨痛教训，可促使员工关注安全、重视安全，增强自我保护的主动性。

除了安全教育培训，企业还需要加强现场监管，对违规行为进行及时整改，提高安全意识。定期到生产现场进行安全巡查，对危险作业区域进行定点检查，及时纠正生产过程中存在的违规行为，让员工们不敢有任何侥幸心理。并通过发放违章通报、张贴违章照片等手段，对违法违规的人员进行曝光，让违法者从内心深处感觉违章是不可行的，是不值得的，“不安全不工作”的愿望就会愈发强烈，安全意识也会逐步增强。

同时，企业还要建立安全文化，营造良好的社会舆论环境，营造以违规为耻、以安全为荣的良好氛围，做到有人管、没人管一个样，有人监督、没人监督一个样，有罚款、没罚款一个样，做好自我监督、自我保护，消除安全隐患，把安全牢牢握在自己手中。

2. 开展技能培训，特种设备“特殊应对”

《关于特种作业人员安全技术培训考核工作的意见（安监管人字〔2002〕124号）》第二条规定：特种作业是指容易发生人员伤亡事故，

对操作者本人、他人及周围设施的安全可能造成重大危害的作业。直接从事特种作业的人员称为特种作业人员。

因为特种作业有着不同的危险因素，容易损害操作人员的安全和健康及周围设施，因此对特种作业要有必要的安全保护措施，包括技术措施、保健措施和组织措施。

《中华人民共和国劳动法》和有关安全卫生规程对此也作了相关规定，从事特种作业的职工，所在单位必须按照有关规定，对其进行专门的安全技术培训，经过有关机关考试合格并取得操作合格证或者驾驶执照后，才准予独立操作。

一天，某煤矿综采区维修班的18名工人正在作业。按照上一班同事的交代，工作面输送机出现了故障，只能发送信号，但不能旋转。这个问题由本班人员负责处理。维修班内的一名组员小王主动请缨，表示由他负责输送机的按钮操作。事实上，小王是新员工，并没有接受过专业的培训。不过负责人张某认为这项工作很简单，便答应了。小王离开之前，旁边的另外一名班组成员告诉了小王输送机各个按钮的作用，并叮嘱他一定要小心操作。

负责人张某在回顺工作结束后准备去做运顺，当他经过采煤机时，发现由于空间狭小，他只能从采煤机上爬过去。而此时，小王已经试着操作好几次输送机的按钮，但是都没有成功，说明输送机的问题还没有解决，于是便准备离开。在离开之前，小王随手按了一个按钮，然后打算像张某那样从采煤机上爬过去。谁知小王离开之前的这一按启动了采煤机，当他爬上采煤机时，采煤机的滚轮旋转起来，将他的腰椎和臀部都给绞碎了。最终，小王因失血过多，经抢救无效死亡。

针对特种作业人员的培训是企业安全工作中的重要一环。特种作业不但危险，还容易造成严重的人员伤亡，而且对周围环境都构成了极大的威胁。从目前大量的事故统计数据分析来看，因特种作业人员违规操作、违反劳动纪律、冒险操作等导致的意外事故，约占所有人员死亡的40%。因此，特种作业人员操作是否熟练、安全意识强烈与否，与安全生产密切相关。对特种作业人员进行安全教育和培训具有重要意义。

(1) 加强和规范企业的安全教育，加强员工的安全意识，防范伤亡事故发生。

(2) 让员工了解相关的安全法规、安全操作规范，掌握安全生产的基本知识，并在工作中熟练运用安全技术，减少“三违”作业行为，提高事故预防、控制职业危害及增强紧急处置的能力。

(3) 安全教育在安全生产中起着举足轻重的作用，加强员工安全教育，是提高安全生产水平的关键。

某机电工程公司对外承接机电安全和装修装饰业务。这段时间，公司的业务量较大，急需作业人员，但是公司对外招聘发现既懂装修技术又持有电工证的人员并不好找。公司老板只好降低要求，只要懂得装修技术、临时能干一些电工的小活儿就行，即使没有电工证也可以被录用。

郑某在其他公司从事装饰工作很多年，对于电工的活儿也略懂一点，但一直没考电工证。他看到这家机电工程公司招聘，待遇还挺不错，就跳槽过来。

这天，郑某带着一台研磨机去现场施工。到了现场之后，郑某开始整理设备，将研磨机连接套管三芯电缆。连接好后，郑某将套管三芯电缆另一端接到几米外的三相电源开关。正接通电源时，郑某突然瘫倒在地。等施工现场其他工友发现时，郑某仰面躺在地上，手搭在胸前，身体僵硬发直。工友碰了碰郑某，并大声呼叫，发现郑某没有任何反应，随即大家便打了120。救护车到后，立刻对郑某实施抢救，却已回天乏术。

事后经过调查发现，郑某的死亡是触电引发的。由于郑某未持有特种作业的电工证，属于无证上网作业；同时，郑某没有经过专业电工安全培训，不具备电工安全操作知识，在临时电源没有保护的情况下贸然接通三芯电缆，导致研磨机外壳带电。同时，郑某在作业时没有戴绝缘手套，也没穿绝缘鞋，用手触碰研磨机外壳后导致电流经过身体形成回路，诱发触电事故。

特种作业工种包括：电工作业；金属焊接、切割作业；起重机械（含电梯）作业；企业内机动车辆驾驶；登高架设作业；锅炉作业（含水质化验）；压力容器作业；制冷作业；爆破作业；矿山通风作业；矿山排水作业；矿山安全检查作业；矿山提升运输作业；采掘（剥）作业；矿山救援作业；危险物品作业。这 16 个特种作业工种各有各的特点，在教育和培训中，要根据不同的职业特点对特种作业人员进行专业的技术教育，并根据工作中经常发生的违规操作，告知可能引发的严重后果，以此来强化他们的安全意识。经过对特种作业人员的教育，使其掌握所需的专业技术、安全知识、安全操作技能，为今后工作中的安全生产提供基本的安全知识。

加强特种作业人员的各项安全教育，确保其持证上岗，这是提高其安全技术和降低人身伤害的先决条件和依据，同时可以减少事故发生，达到安全生产的目的。任何生产和经营单位，都要紧抓特种作业人员的培训工作，这不仅是“安全”“效益”的需要，也是企业长期稳定生存发展的需要。

3. 实行6S管理，消除现场安全隐患

6S指的是整理、整顿、清扫、清洁、素养、安全六个项目。6S管理看似简单，但它是打造具有竞争力的企业、建设高素质员工队伍的先进管理手段，其目标是提升企业形象、提高安全水平、提高员工素质、提高工作效率、提高企业执行力和竞争力。企业推行“6S”管理的目的，是想潜移默化改变员工的行为习惯，从而达到现场管理规范化、物资摆放定置化、库区管理整洁化、安全管理常态化，形成良好的安全文化，让安全工作从有形管理走向无形管理，促进公司各项工作目标的顺利实现。

整理——将工作场所的物品区分为有必要和没有必要的，除了有必要的留下来，其他的都消除掉。目的是腾出空间，空间活用，防止误用，塑造清爽的工作场所。

整顿——把留下来的必须用的物品依规定位置摆放，并放置整齐加以标识。目的是让工作场所一目了然，节约寻找物品的时间，消除过多的积压物品。

清扫——将工作场所内看得见与看不见的地方清扫干净，创造良好的工作环境。目的是稳定品质，减少工业伤害。

清洁——将整理、整顿、清扫进行到底，并且制度化，经常保持环境处在整洁美观的状态。目的是创造明朗的现场环境，维持上述3S推行成果。

素养——每位成员养成良好的习惯，并遵守规则做事，培养积极主动的精神（也称习惯性）。目的是促进良好行为习惯的形成，培养遵守规则的员工，发扬团队精神。

安全——重视成员安全教育，每时每刻都有安全第一观念，防患于未然。目的是建立及维护安全生产的环境，让所有的工作建立在安全的前提下。

6S 管理是经过历史沉淀的、比较先进的管理方法，是由 5S 发展而来的。5S 起源于日本，它针对企业中每位员工的日常行为方面提出要求，倡导从小事做起，力求使每位员工都养成事事“讲究”的习惯，从而达到提高整体工作质量的目的，这是日式企业独特的一种管理方法。20 世纪 50 年代，日本 5S 的宣传口号为“安全始于整理整顿，终于整理整顿”，当时只推行了前 2S，其目的仅为了确保作业空间和安全，后因生产控制和品质控制的需要，而逐步提出后续 3S，即“清扫、清洁、素养”，从而其应用空间及适用范围进一步拓展。到了 20 世纪 80 年代，首本 5S 著作问世，对整个日本现场管理模式起到了冲击作用，并由此掀起 5S 热潮。日企将 5S 活动作为工厂管理的基础，推行各种品质管理手法。我国企业在 5S 现场管理的基础上，结合安全生产活动，在原来 5S 基础上增加了安全要素，形成 6S 管理。

某机务段充分发挥了段、车间、班组三级安全员的检查和监管职能，形成了一张“无形的网”，对每一块区域进行检查、分析、落实、跟踪，层层推进，保证各类安全隐患“无所遁形”。这个机务段精心设计三级安全监督网，段级安全检查组由段长、党委书记带队，安全科、运用科安全员为主力；车间安全检查小组是由车间主任领导，分管安全的副主任和安全专职人员具体组织，负责机车检修、机车值乘、设备维修等工作，并负责对身边的职工进行安全检查。

如何在一线运输生产中发现安全隐患？该段专职安全生

产人员根据不同的工作环境和不同的季节特征，制订了一套周密的安全检查方案，确保检查的全覆盖，昼夜不停地进行监控。根据检查方案，段安全检查组对20个返回点、机车进出库、车机联控进行抽查，对机车乘务员在中间站、道口、弯道等重要地点的鸣笛、观察情况进行设点检查。发现问题后，由安全部人员进行汇总，并向班组汇报，要求各车间立即进行整改。车间安全员加强日常巡视，发现问题及时处理，每天将检查信息上报安全科。该段专职安全员每周对全段的安全信息进行总结，发现存在的共性和突出问题，并在网络上发布，要求各车间进行整改。相关车间根据问题特点制订阶段性检查计划，并把通报问题作为检查重点，从源头上解决安全隐患。

通过6S管理，可以建立企业标准化，规范行为，强化责任感，人人都能自主管理。按照6S管理方式可以创造整洁的工作环境，促进工作效率的提升。储存明确，物归原位，工作场所宽敞明亮，通道畅通，地上不会随意摆放不该放置的物品。工作场所物品放置有条不紊，意外的发生也会减少，当然安全就会有保障。为了使6S管理能够长久、高效的执行，最终成为一种制度化、规范化的现场管理，实施6S管理必须遵守以下几点。

（1）持之以恒。6S管理是一项基础工作，它的实施相对简单，能在短期内达到预期的效果，但正是因此，如果不能坚持实施，就很难达到最好的效果，也就是形同虚设。所以，应把6S管理当作一种每天都要坚持的工作，把它持续地贯彻下去。

（2）不断提高。随着新技术、新工艺、新材料的使用和市场的变化，企业的生产场所也在发生着变化。这就要求对6S管理工作进行持续的改善，以适应生产的需求。

（3）以规范提升效率。6S管理是指对物品进行整理、材料的定位放置，营造一个干净、明朗的工作环境，营造高效、规范的生产现场。6S 管理是企业持续提高生产效率的有效途径。

（4）让员工自己动手。有限的管理，无限的创意，一个好的工作环境，是由现场的员工们来创造和维持的。员工要想转变观念，不断提高自己的安全素质，就必须充分发挥创意，主动地改造现场环境。

（5）安全为先决条件。在施工现场，安全问题是施工的关键。注重安全生产，既能防止意外事故，又能降低不必要的损失，还能体现保障员工生命安全、提高员工生活质量的人性化管理。

有制度而没有很好地去执行，安全管理工作就等于零。加强对企业 6S 的管理和各项安全管理体系的实施，是增强企业执行力和约束力的最好途径。因此，要从健全制度、严格考核入手，健全 6S 考核制度，形成严格管理、严格约束、严格考核、全员参与的安全文化氛围。

4. 正确佩戴防护用品，把伤害降到最低

为了预防在生产中造成的伤害和职业伤害，我国对部分工人采取了必要的劳动保护措施。劳动者在工作中正确穿戴、使用劳动保护设备，既是自己的合法权利，也是一种规章规定，而且是做好生产工作的首要保障。

某企业有一名老电工，由于技术熟练，他穿电线的速度很快，工作效率也很高，一般人干一天的活儿，他只需要半天就能干完。有一次，这名老电工和几个同事在工厂里铺设缆绳，

安检人员巡查时发现，这名老电工没有系安全带。安检人员当场训斥了这名老电工，让他加强自己的防护意识，注意施工安全，老电工不以为意，还笑着说："我这20多年，就这么过来了，也没什么事儿。"等检查员走了，老电工抱怨道："大惊小怪，扎了安全带，怎么干得快？"不久后，老电工在一处工业区维修电缆桥时仍然按照自己的习惯没有系安全带，不料电缆桥突然断裂，他从高空摔下，导致右脚跟骨骨折。

上述案例中，老电工违规操作很多年，从来没有出过意外，别人教育他，纠正他的错误，他都没有放在心上，反而把过去的习惯当成了"经验"，一意孤行，最后受了伤。在我们的工作中，总有一些"经验主义"者。我们对过去的经验，只能借鉴，不能完全照搬，否则，经验就会成为制约安全生产的一个障碍。

生产保护是一条为安全树起的安全屏障。劳动防护用品是保障工人生命和身体健康的一种防御性设备，它对降低职业危险具有十分重要的作用。我国为防止生产过程中工伤事故和职业危害的发生，要求一些劳动者必须按照规定使用劳动防护用品。

（1）在国家规定的劳动场所，应穿戴防护装备。

（2）接触粉尘的工作环境应佩戴防尘口罩、防尘眼镜、防尘帽、防尘服等防尘物品。

（3）接触有毒物品的工作环境中，应佩戴防毒口罩、防毒面具等防毒物品。

（4）有物体撞击危险的作业场地，应戴上安全帽，并穿上保护鞋。

（5）楼层高度超过2米时，应将安全带系好。

（6）从事可能引起眼部损伤的工作时，应佩戴护目镜或面罩。

（7）从事有可能被机器碾压、夹紧的工作，应穿上紧身的工作服，并戴上安全帽，不得戴任何暴露的饰品。

（8）噪声超过国家规定的工作环境，应佩戴抗噪声耳塞或耳罩。

（9）在接触酸性和碱性环境下工作时，应穿耐酸、耐碱的服装。

（10）在水上作业时，应穿戴救生衣，并使用救生设备。

（11）在易燃易爆的环境中，应穿上防静电的工作服。

（12）电气操作人员必须穿戴绝缘保护设备，从事高电压带电作业时，必须穿戴防护服。

（13）高温高寒作业时，应穿防护用品，防止高温辐射。

佩戴个人防护装备时，应注意以下事项。

（1）必须穿戴符合资格的安全防护装备。

（2）确认所佩戴的防护物品对工作环境中的危险因素的保护作用，检查其外观是否有瑕疵和破损，以及各个零件的装配是否紧密。

（3）严格遵守产品说明书上的规定，不能超过规定的剂量，可以选择替代品。

（4）对防护用品的穿戴要标准化、制度化。

（5）使用完毕后要进行清洗，服务器要定期维护。

（6）防护用品应存放在指定的地点或指定的容器中。

惨痛而深刻的教训告诫人们要对自己的安全负责任，但是在实际生产过程中，大大小小的事故总是一而再、再而三地发生，很多本来可以避免的人员伤亡，却因为没有做好安全防护而导致悲惨的后果。因此，在工作中，员工必须重视个人安全防护，要严格按照规定佩戴和使用安全防护用品，让其发挥出真正的安全作用。

5. 建立应急预案，应对突发事件

“预防为主”是安全工作的基本方针，但再严密的预防方案，也很难避免发生意外和灾难，所以，在加强预防的同时还要制订事故突发的应急预案。应急预案的目的是快速、有序、有效地控制突发事件的发生，让事故的损失降到最低。《生产经营单位生产安全事故应急预案编制导则（GB/T29639-2020）》中第 5 条规定，生产经营单位应急预案应分为综合应急预案、专项应急预案和现场处置方案。

（1）综合应急预案

生产经营单位为应对各种生产安全事故而制订的综合性工作方案，是本单位应对生产安全事故的总体工作程序、措施和应急预案体系的总纲。

主要从总体上阐述事故的应急工作原则，包括生产经营单位的应急组织机构及职责、应急预案体系、事故风险描述、预警及信息报告、应急响应、保障措施、应急预案管理等内容。

（2）专项应急预案

生产经营单位为应对某一种或者多种类型生产安全事故，或者针对重要生产设施、重大危险源、重大活动防止生产安全事故而制定的专项工作方案。

主要包括事故风险分析、应急指挥机构及职责、处置程序和措施等内容。

（3）现场处置方案

生产经营单位根据不同生产安全事故类型，针对具体场所、装置或者设施所制定的应急处置措施。

现场处置方案重点规范事故风险描述、应急工作职责、应急处置措施和注意事项，应体现自救互救、信息报告和先期处置的特点。

主要包括事故风险分析、应急工作职责、应急处置和注意事项等内容。

某煤矿曾发生一起特别重大透水事故。事故发生当天上午10点左右，工人们在掘进工作面正常施工，突然发现在迎头后方几米外的巷帮有水渗出。于是立刻将情况报告给当班技术员，技术员和生产部副经理立刻到现场查看情况，他们发现在底板向上约20到30厘米的煤壁上，有约为小拇指粗的水流正向外流出。随后，他们将情况汇报给了项目部经理，项目部经理又向相关技术部门咨询，但大家都没有做出正确的判定，生产继续进行。

下午1点多，当班的瓦检员突然听到风筒里传出异常响声，并发现风筒鼓胀明显，空气中的煤尘浓度特别大，巷道有水向外流出。看到此情况，瓦检员转身便向外跑，边跑边喊：“出水了！”瓦检员跑到井底的电话室向地面调度室汇报情况，项目部经理接到汇报后马上打电话通知各队升井，这时井下的所有电话都已经打不通了，经统计，大约有153名矿工被困于井下。

企业立刻启动了应急救援预案，向上级报告事故信息的同时就近调动其他施工队伍将近200人支援现场救援，并成立抢险救援指挥部，设立各专业的工作组，根据现场实际情况紧急编制抢险救援方案。当地政府接到事故信息后也立刻作出响应，召开紧急会议，部署多部门共同参与抢险工作。

经多方通力配合，争分夺秒，连续奋战八天八夜，将115名矿工救出，但是仍有38名矿工遇难。

制定完善的事故应急预案不仅可以提高员工积极防范风险的意识，还有利于对突发事件及时作出反应和处置，避免突发事件扩大或升级，最大限度地减少突发事件造成的损失。制定应急预案可以分成以下6个步骤。

（1）组建工作小组：根据各单位职责分工，组建由各单位主要负责人牵头的应急预案编制工作小组，明确编制队伍、职责分工、制订工作计划。

（2）资料收集：对制订紧急情况计划所需要的各类信息进行收集。

（3）危险源和危险分析：通过对危险因子的分析、隐患的排查、治理，可以对危险源、可能发生的事故类型、危害程度进行分析，并对可能发生的事故进行分析，将分析结果作为制订事故应急方案的基础。

（4）应急能力评估：对单位应急装备、应急队伍等应急能力进行评价，并根据单位的具体情况，加强应急能力的建设。

（5）制订紧急事件计划：根据相关法规和要求，根据突发事件制订相应的应急方案。在制订应急方案时，要重视全员的参与和培训，让相关人员了解危险源的危险性、应急处理方案和技术。应急预案是在充分发挥社会应急资源的基础上，与地方政府、上级主管机关、有关部门的预案相结合。

（6）应急方案的审核和公布：由各单位的主管领导组织相关部门和工作人员进行。外部审核是由上级主管机关或者当地政府的安全管理机构进行的。审核通过后，应向相关部门报告，并经生产企业主管领导签字。

第八章

预防胜于一切，构筑安全堡垒

企业的安全问题具有复杂性、突发性、危害性等特性，这就决定了企业需要做好预防工作，把问题解决在萌芽状态，从而掌握安全的主动权。建立良好的预防体系能切实减少安全事故的发生，保障人身安全和财产安全。

1. 预防机械伤害事故

机械伤害事故就是指由机械所产生的巨大动能对人体造成的损伤，例如：建筑机械对操作人员造成的撞击、绞、碾、碰、割、戳等伤害。在各种使用机械的行业中，经常会发生机械伤害事故，一旦发生，往往后果比较严重，因此，预防机械伤害的发生是非常重要的。

某煤矿备煤厂3号带式输送机工作人员钱某从操作室走近3号皮带运输机，进行下班交接前的检验和清洁工作。突然，钱某发现3号皮带机的带子断裂了，便到煤斗检查，发现皮带跑偏，做了调整但都无效，便走向3号皮带机尾轮，在距离尾部五六米处，他看到尾轮北边有一根断裂的铲子。同事小张本应该在这个位置，但现在却不见踪影，钱某知道情况不妙，立即停止了皮带机，并向领导和安全部门汇报。等大家赶到现场时，发现小张躺在3号皮带机上，头部受伤严重，立即送往医院，但经抢救无效死亡。

根据现场勘查，皮带向南偏离15厘米，尾轮北边没有沾煤，南部有大约10毫米厚的沾煤，铁锹在机尾北侧断为3截，小张头朝东，脚朝西，当时鲜血淋漓，手套和帽子都掉在了皮带下面。经过现场取证调查结果显示，小张在清理皮带尾部的煤炭时，铲子被皮带缠住，随即又被皮带抛出，触碰到了尾部的硬物，小张没有及时扔掉铲子，而是被惯性向前一推，头部撞在了坚硬的物体上，因重伤而致死。

以上所述的事故，除了皮带机没有紧急制动，尾部没有护栏等因素外，操作工人小张在处理机尾的煤炭时，并没有及时停车，这属于违规操作，违反了“运行中的机器设备不许擦拭、检修或进行故障处理”的规定。正所谓“十起意外，九起违规”，在实践中，有些人为了一时的便利，私自拆除自认为不利于工作的安全设施；甚至有些工人在工作的时候，完全忘记了“安全”两个字。因此，对机械伤害的预防应从以下几个方面着手。一是提高操作人员的安全素质，对他们进行全方位的安全培训，以提高他们辨别风险和避免伤害的能力，增强避免伤害的自觉性；二是消除产生风险的原因，减少或消除接触机器危险部位的次数，或采取安全防护装置避免接近危险部位。具体的防范措施包括如下方面。

（1）强化作业人员的安全管理

①制定和完善各项安全管理制度。

②做好三级安全教育，加强业务技术培训和考核工作。加强安全意识及保护技巧，做到“四懂”“三会”（了解原理、结构、性能、工艺流程；会操作、会维护、会故障排除）。

③正确地穿戴防护装备。

④按照有关规定进行安全或巡回检查。

⑤严格遵守工作纪律，严禁违规操作，改变不良操作习惯。

（2）重视机械设备的基本安全要求

①要抓好设备的结构设计，严格按照规范要求把好设计关。在设计时，对操作人员易于接触的可旋转零件，要尽量关闭，不可关闭的零件，要配备必要的保护措施；对正在运转的生产设备或零件，如果超出限制的位置，应配备可靠的限位、限速装置和防坠落、防反转装置；电气设备应配备防触电和火灾报警设备；对于在生产过程中可能产生粉

尘、有害气体、危险蒸汽的设备，应当使用自动加料、自动卸料、抽吸、净化、排放等设备；对于危险物料密封系统，应避免跑、冒、滴、漏，必要时应设置探测警报；在生产和使用有毒物料时，应有渗漏应急救援措施等。

②加强机械零配件的安全可靠度。比如：设置足够数量的应急开关，形状应有别于一般的开关；机械结构、材料，工艺及安全系数要合理选择；操纵机构应采取联锁或安全措施，及设置防滑、坠落及防止人体受伤的保护装置，例如限位装置、限速装置、防倒车装置、防护网等；应配备自动监控系统、声光报警系统等安全监控系统。

③加强对重点部位的安全保护。对各类机器的传动皮带、明齿轮、接近地面的联轴节、皮带轮、飞轮等，都要有良好的保护措施。对已投入使用的机器，要按照有关规定进行维修，对不符合要求的机器，要坚决拒绝使用。自制的仪器必须是科学的、安全的，经过专业的检验后，方可投入使用。应配置迅速停车的装置，以防止发生意外。

皮带轮：在安装皮带轮时要注意松紧程度，如果装得过紧，会造成皮带断裂，如果装得过松，会影响到机械的正常运转。对于皮带转动的防护有两种方法：一是用防护罩保护皮带，二是采用栅格保护，这样皮带在转动中人体不会与皮带轮的危险部位接触。

齿轮：齿轮传动中最危险的地方是齿轮的啮合位置和轮辐之间的间隙，为了防止齿轮传动出现危险，必须装上保护罩，所有齿轮都要完全密封。对齿轮传动和摩擦轮传动的保护要按各自的特性在接合区分别设置保护装置，如果有条件，可将齿轮装入全封闭的机座内。而摩擦轮的表面是平滑的，所以可以不使用整体保护，只需对其接触部分进行局部保护。

轴：任何突出于轴面或不光滑的附体，如：键、固定螺钉等，露头固定螺钉特别危险，在制造过程中，容易把人的衣物缠绕起来造成损伤，所以需要加装保护轴套。在距地面 2 米以内的旋转轴，所有暴露的部位，除了放置在机械内的，其余露出部分必须全部加以遮盖作为防护。

联轴器：旋转轴的联轴节出现的危险与轴的情况大致相同，但其严重程度要大于轴，因为其表面光洁度比轴要低。安全接头不得有突出不平的部位，螺钉和螺帽应该埋在接头中，或在设计时使接头的外径边缘比螺栓固定尺寸大。总之，在旋转过程中，有可能出现危险的地方，都要采用挡板、罩子等保护措施。

④机械设备的检修和检查，要有相应的安全措施。

施工现场必须设专人监护，并要坚守岗位。需要维修的机器应切断电源，并落实安全控制电源措施，防止因定时电源开关作用或临时停电等因素误判造成事故。关掉电源后，必须挂好“机器正在检修，严禁合闸”此类的警示牌。机械恢复运转前，应仔细地对场地进行检查，确保所有人都已经安全离开，才能摘下警示牌并合闸。检修试车时，禁止任何人留在机械设备内。遇到突发断电事故时，应及时将机器设备移到安全位置，避免突然恢复电源时伤人。凡要进入机器作业危险区（取物、采样、借道等），均应严格落实安全联系制度，事先与值班机械操作员取得直接联系，经同意并在停机和有可靠安全措施的情况下才可进行，正在停车的机械也必须遵守安全联系制度。非当班操作人员严禁擅自开动机械，因临时需要开机时，必须与当班人员取得联系，由当班人员操作。

⑤各类电源开关的设置要合理，并有清晰、明确的标识，以避免由于误启动造成人身伤害。对投料口、绞笼井等部位应设置警示牌、护栏及盖板等，以避免操作不当发生危险。

2. 预防触电事故

触电事故的危害不堪设想，极易导致人身伤害，所以，各行各业都应加强预防，最大限度降低或避免触电事故的发生，从而保障员工的安全。

小唐是厂里的一名电缆工，工作十多年，一直在厂里做电缆维修，不仅经验丰富，而且技术熟练，大家有什么不懂的问题都要请教他。小唐对于厂里的配电系统非常熟悉，对厂里每一根电缆的情况也是十分了解，按照他的话说，闭着眼睛摸都知道哪个电缆是干什么用的。

有一天，厂里的一根电缆由于老化需要更新，小唐就带着另一名工友方某去了厂里的电缆沟。到了那里，小唐观察了一下电缆情况，让方某递电锯过来，想直接锯断电缆。方某见到此情景，赶紧提醒小唐还没有拉闸断电。小唐却说，这条电缆是没有电的。工友说："最好还是再测试下。"小唐却有点不耐烦，说："我对厂里每一根电缆太熟悉了，这根肯定没有电。"结果，小唐刚下电锯，突然电缆砰地响了一声，闪过一道弧光，一下就把小唐吓倒在地，电锯也扔在了地上。原来，小唐记错了，电缆沟里有两条一样的电缆，没有电的是另外一条。幸好小唐戴了绝缘手套，否则后果不堪设想。

通过上述案例可以看出，触电事故原因大多是由于缺乏安全用电知识或不遵守安全技术要求违章作业所致。如果小唐当时按照安全规程操作，不盲目自信，认真对待每一个工作环节，就不会经历这次危险。虽然小唐这次没有生命危险，但不是每个人都这么幸运，很多人由于触电产生了不可挽回的后果。

某市连续几天都在下雨，路上到处是湿漉漉的水坑。城市里的某个建设工地上，工人们没有被雨水影响，依旧照常施工。

其中，有 4 名工人要将一架小型的桩机移到一座楼前，他们需要用铁锹扛起这个桩机移动。这 4 名工人中有 3 名工人戴着安全帽，脚上穿着胶鞋，而另一名工人既没有戴安全帽，也没有穿鞋，光着头、赤着脚。

《建筑安装工人安全技术操作规程》规定“电气设备和线路必须绝缘良好”，“工作前，必须检查机械”“确认完好方准使用”，更重要的一条规定是“正确使用个人防护用品和安全防护措施。进入施工现场，必须戴安全帽，禁止穿拖鞋或光脚”。而这 4 名工人并没有把规程放在心上，一心只是为了赶紧把活儿干完，当时没有拉下桩机闸刀，更没有检查该桩机电线破皮漏电的情况。

令他们没有想到的是，意外突如其来地发生了。桩机在移动的过程中，电动机壳碰到了破皮处，桩机架子立刻通了电，3 名穿着胶鞋的工人触电后马上缩手，所幸无事，但是那名没有穿胶鞋的工人由于被电重击，直接倒下，更不幸的是，在倒下的过程中，后脑碰触了地上的坚硬物体，最终在医院经抢救无效身亡。

在日常生产工作中，应加强对员工的安全技术培训，提高其安全操作技能，增强其防范事故发生的能力。同时，还要加强对电气、设备的安全防范措施。

（1）强化用电设备的安全使用与管理

①在电力系统中安设接地保护及接零；

②电力配电变压器必须安装有漏电保护的中性绝缘体系；

③照明、通信、信号等极易引发电击危险，应采用127V或安全电压；

④强化绝缘保护，保护暴露在外的导线和危险的设备；

⑤严禁在带电的情况下进行维修或移动设备；

⑥定期检查电气设备和安全设施，确保其工作状况良好。

（2）加强对电力系统的安全技术防范和管理

①接地防护。其功能是在电器的金属壳体带电时，若人体接触到该壳体，由于人体的电阻远大于接地体电阻，则大部分电流经接地体流入大地，而流经人体的电流很小，只要对接地电阻进行合理的控制，即可防止触电事故的发生。但在TT电力系统中，采用这种保护方法的装置外壳电压仍会对人体造成一定的危害。所以，该方法在TT电力系统的施工现场使用时，其保护接地电阻不得超过4欧姆。

②接零保护。其功能是在电器的金属外壳充电时，通过零线形成闭合线路，从而形成单相短路，由于零线电阻极低，所以短路电流很大，一般大于额定电流的几倍甚至几十倍，这样大的单相短路将使保护装置迅速而准确地动作，切断事故电源，保证人身安全。

③安装漏电保护装置。一是在主配电箱内、开关柜上应设有两级以上的漏电保护器，而且两级漏电保护器的额定漏电动作电流和额定漏电动作之间应做合理配合，以达到分级保护的目的；二是在开关柜内应设有漏电保护装置，施工现场的电气设备除了做保护接零外，还应在设备负载线上的末端安装漏电保护器；三是将漏电保护装置安装于配电箱内的绝缘开关负载一侧，并安装在开关箱的隔离开关负载一侧；四是选用

符合国家规定的漏电保护装置。

④采用安全的电压。在工作环境中，应尽可能地采用安全电压。在使用 24V 以上的电器时，应采取防止人体与带电体直接接触的防护措施。

（3）强化电气安全专业管理措施

①有计划、有针对性地开展电气安全专项检查，及时发现和排除安全隐患，并对电气操作人员的不安全行为、违章和误操作行为进行监督。

②对电力工程的设计、安装、调试进行安全检查，及时发现并排除电力工程的不安全因素。电气设备的安全性及可靠性应作为安全监察的重要内容。

③制订电力安全技术方案，做好技术改造，改善职工的工作环境，治理粉尘、有毒、噪声、电磁、静电、火灾爆炸等行业的职业危害，确保用电安全。

④制定并修改有关电气安全的规章制度，包括电气作业、电工值班、巡回检查等制度，并组织实施。

⑤做好触电事故的应急预案，并提前做好演练，以确保事故发生时能迅速采取有效的处理措施。

⑥设立安全标志，做好安装、维护、检查、宣传等工作。

⑦做好电气安全资料档案管理工作。

（4）加强用电安全管理与检验

①在电力设备安装时，应遵守电力安全规定，严禁高压电缆、电线散落在水中。

②发现不合格的电缆、电线接头和裸露的电线等情况，要立刻进行整改。

每个人的生命只有一次，一时的疏忽，带来的却是无法挽回的损失。通过分析以往的触电事故案例我们可以发现，很多触电事故原本是可以避免的，如果多一点安全防范意识，或许能挽回很多生命，减少给企业和国家造成的损失。

3. 预防物体撞击事故

高处作业是建筑工程的特点之一。近些年来，高层建筑增多，工程的复杂程度也越来越高，引发大量的高空坠落事故和高处落物带来的物体撞击事故。这不仅会对人身造成直接伤害，也会对建筑物、构筑物、管线设备等造成伤害。为防止物体撞击事故，我国颁布了相关的法律法规，很多建筑单位也都采取了相应的措施，以防止物体撞击事故的发生。然而，在实际的工程建设中，由于种种原因，无法彻底避免，物体撞击事故是影响工程施工人员安全的重要因素。

某厂要新建一个厂内浴池。由于着急投入使用，在建设过程中，厂里负责人王某就催着建筑公司的项目经理孙某抓紧时间安装水泥空心板。孙某询问王某空心板是什么时候打的，王某回答说是本月月初打的。孙某一听空心板打出来也就一个星期的时间，赶紧说："现在还不能上空心板，打的板才一个星期，时间太短了，会有危险的。最快也得再过半个月以后再上。"听孙某这么说，王某马上就不高兴了："这可能要耽误工期了。"随后，王某带着人来到打板场对新打的空心板做简单的检查，他用撬棍敲了敲空心板，觉得质量已经可以了，便又回到工地找到孙某，告诉孙某空心板质量完全没有问题，并以延误工期要罚款为由强烈要求孙某这两天就开始安装空心板。

两天后，孙某按照王某的要求开始组织工人在新浴池房顶安装空心板。安装第一块板时，还比较顺利。但是，当他们安装第二块板时，挂有水泥空心板的拖车一个车轮压到上好的第一块板上。在正常情况下，这样的压力是不会导致空心板断裂的，但这些空心板是提前安装，并没有完全达到质量标准，车轮刚压上，第一块板就突然断裂，并落在了地上。在房顶施工的一名工人随着断裂的空心板掉落下来，重重地摔在地上，后来确诊为全身多处骨折。更严重的是，随着空心板掉落下来的拖车恰巧砸在了屋顶下面正在施工的另一名工人头上，导致其当场死亡。

从大量的物体撞击事故来看，造成事故不断发生的原因主要有以下几个方面。

①建筑工地的管理不规范。例如：建筑工地堆放材料、构件不符合规定；建筑工地的环境脏乱差、管理不到位；多个施工团队同时进行，操作过程中存在一定的危险性；部分工地的边洞没有保护措施，或保护措施不严格；一些操作工人没有配备防护用品或使用不当等。

②建筑工人的违章作业或操作不当。这是一个很大的原因，它会直接导致物体撞击事故。由于安全教育、安全管理、安全防范等方面的原因，造成员工在作业过程中因疏忽而使零部件、工具、材料从高处掉落，造成人身伤害。

③安全方面的管理存在漏洞。根据相关规定，对有可能发生坠落的物体，必须在施工现场进行拆除或固定；被拆除的物品和残渣不能随意堆放或扔掉；钢模板、脚手架等在拆卸过程中，不允许有其他工人在其下面工作。尽管条例很清楚，但在实际工作中，时常会发生一些违规行为，致使安全管理只是停留在表层，没有真正实施到位，从而导致事故

的发生。

④机器设备的安全性不高。由于工程建设多为户外作业，长时间的风吹雨淋，导致机械设备不能正常运转，例如一些起重机械刹车失效，钢丝绳、销轴、吊钩断裂、联结松动、滑轮断裂或脱轨等；有些索具未达到安全技术标准，存在着安全隐患等。

在某钢结构公司的生产车间里，郑某和方某两人在车间北侧准备对一个长度将近 10 米的钢柱进行焊接作业。在焊接作业之前，郑某用行车将钢柱横卧摆放在地面的台架上方，由于该钢柱的重心不稳发生了侧翻，他们又再次用行车将该钢柱调整至侧翻前状态，但是并没有对钢柱采取稳固措施或对自己采取保护措施之后，之后郑某和方某便蹲在地上开始对钢柱进行焊接作业。

下午 3 点左右，钢柱由于重心不稳突然再次发生侧翻，郑某迅速后退及时避开了钢柱，但方某由于躲闪不及，头部被钢柱击中并压在了下面。郑某见状赶紧呼叫现场的其他工人来帮助救援。工人们一同将钢柱从郑某的头部移开，并拨打 120 急救电话，等到救护车赶到现场后确认方某已死亡。

上述这起事故是人为违章操作所致，主要原因有三个方面：一是操作者自身安全意识淡薄，违章蛮干；二是厂里未落实生产安全事故隐患排查治理制度，没有及时发现并消除事故隐患；三是厂里缺少必要的安全生产教育和培训，导致员工不熟悉有关的安全生产规章制度和安全操作规程。物体打击事故存在一定的偶然性，因此往往被人们忽略，以至于这类事故在技术措施的防范上较弱。要想防止物体打击事故，就必须采用综合治理的方式，一方面要坚决杜绝建筑工人的违规作业，另一方面要加强对各类设备和环境的安全检查。具体措施包括以下几方面。

（1）对操作员工进行相关安全教育，按照规定使用安全保护设备，严禁违章指挥、违章操作。

（2）在垂直方向上、下交叉作业时，应在垂直方向上设置安全隔板或安全网，并确保防砸措施的有效性。严禁在高空工作中将物体上下输送，使用滑道或起重机搬运时，处于下方的员工应远离危险区。

（3）高空作业工人所用的工具或切割后的碎屑，应装入工具箱或采取防坠防护措施，不得随意堆放，以免掉落伤人。

（4）在高处作业中，临时使用的物料必须摆放整齐、牢固，并放在安全、可靠的位置上，对可能发生跌落的物体，应预先拆除或固定。

（5）施工现场临边、临空及一切可能造成物体掉落的孔洞均要进行保护。

（6）吊装重物时，所使用的索具、索绳等应按安全规程的技术要求，严禁吊装不稳定的重物，吊装散乱的材料或异型部件时，须用集装箱或钢绳将其捆牢，确保安全后方可进行吊装，以防材料撒散伤人。

（7）加强设备点位的巡视，及时排除设备故障，防止仪器零件飞出伤人。

（8）悬挑式脚手架、附着升降脚手架底层应采取可靠封闭措施。

（9）拆除或拆卸作业下方不得有人；不得上下同时拆除；物件拆除后，临时堆放处离堆放结构边沿不应小于 1 米，堆放高度不得超过 1 米。楼层边口、通道口、脚手架边缘等处，不得堆放任何拆下物件；拆除或拆卸作业应设置警戒区域，并应由专人负责监护警戒；拆除工程中，拆卸下的物件及余料和废料应及时清理。

4. 预防起重伤害事故

起重伤害事故是指在从事各类吊装工作（包括吊装、安装、检修、试验）中所产生的坠落、挤压、撞击、起重机倾翻等事故。从安全角度看，与一人一机在较小范围内的固定作业方式不同，起重机的作用是将重物抬入空间进行装卸和吊装。为了适应生产的要求，起重设备具有特殊的作业特点，这使得起重作业和起重设备自身都存在众多的危险因素。

起重作业的特点包括如下方面。

（1）吊物具有较高的势能

被搬运的物体往往重量很大（一般都是以吨计）、种类繁多、形态各异（包括零件、散料、液体等），起重搬运过程是重物在高空中的悬吊运动。

（2）起重工作由多个动作组成

四大机构构成多维运动，庞大的金属结构整体运动，移动部件的快速变化，构成了起重机的危险点多、分布广的特点，使安全保护工作更加困难。

（3）起重作业的范围较大

起重设备和物品高居其他设备、设施和施工人群之上，并且，起重机可以在较大范围内移动运行，加大了发生危险的范围。

（4）起重作业需要多人协作

吊装作业的程序为：由地面司索员捆绑吊物、吊钩；起重驾驶员操作吊车来吊料并按照地面指示，利用空间移动，将货物放在指定位置进行摘钩、卸料。每个起重周期都需要多人配合，任何一个环节出现问题，都有可能发生事故。

(5) 操作环境复杂

例如，在室内作业时，厂房内部有大量的地面设施和大量的员工；在户外作业，会受到气候、气象、场地等条件的影响，流动式起重机还涉及地形和周围环境等多因素的影响。

某化工厂车间安排电修班负责安装调试新购置的纤维挤压机，具体操作由班长孙某负责。这台设备2吨多重，需要从一楼吊到三楼。根据公司安全作业管理规定，吊装作业属特种作业，必须到车间办理“涉险作业审批表”，通过车间安全员、车间主任审批和现场验证后才能作业。这张审批表，不仅要求参与作业的人员都签字，而且“安全措施落实情况”一栏中就有七八条强制规定，其中最重要的一条就是吊装倒链必须通过质监部门检验合格，而且吊装倒链完好无损。这些作业规定要求现场每个作业人员认真读一遍，然后由车间安全员逐项检查落实。

当天上午，车间安全员和车间主任因公事外出，需要一个小时后回来，而车间则要求电修班必须在中午下班前结束工作。正常办理完涉险作业手续后2个多小时就能完成作业，可如果等到安全员、车间主任回来再办理手续作业，势必拖延下班时间近一个小时，而当天中午孙某还要赴一个朋友的饭局。种种事情挤在一起，孙某就下令作业人员先进行作业，等安全员、车间主任回来时再补办手续。

按照特种设备使用规定，吊装前，必须有车间安全员逐一检查滑轮倒链的安全性能，如果吊装倒链长时间没有使用，里面的润滑油会干涸，必须再添加些使其润滑。这个吊装口的吊装滑轮倒链已经有近半年时间没有使用了，其中的钢制倒链有一节断裂处是焊接而成的。出现这种情况，安全员在现场时必须立即制止，除按要求更换新钢制倒链外，还必须对其他部件进行润滑。可孙某为了赶在中午下班前吊装完毕，强行开始作业。

吊装正在紧张进行，意外事故发生了：滑轮倒链忽然从中间断裂，孙某预感不好，急忙扭过头，倒链重重地砸在他的左手上，顿时鲜血直流，孙某的食指和无名指被砸碎，幸亏这钢制倒链是在吊装物即将落地时断裂，假若在吊装中途断裂，其后果不堪设想。事故发生后，孙某立即被送进了医院，由于是粉碎性骨折，只得进行部分切除，造成孙某手部残缺。

从以上案例可以看出，起重作业事故的主要原因与其他事故类似，既有人的因素，也有物的因素，其中人的因素主要是因为经营者或使用者出于侥幸、省事等心理，从而产生非理智的行为；物的因素主要是起重设备和吊具没有按照要求设计、制造、安装，特别是未按要求进行检验，带病运行；同时作业人员忽略了作业区域环境条件等风险因素，也埋下了事故隐患。

经过统计，造成起重伤害事故的原因包括以下几个方面。

（1）重物坠落

吊具或吊装容器损坏、物品捆绑不牢、挂钩不正确、电磁吸盘突然失电、起升机构部件故障（尤其是刹车、钢丝绳断裂）等都会引发重物坠落。在高空中，物体的势能会在坠落过程中快速地转换为动能，很有可能造成严重的后果。

（2）吊车的失稳倾翻

起重机失稳可分为两类情况：一是因作业不当（如超载、臂架变幅或转动太快）、支腿未平整、基础沉降等造成吊车倾覆；二是在斜坡或风荷载的作用下，吊车在道路或轨道上发生滑行，造成脱轨和倾覆。

（3）挤压

吊车轨道两边没有良好的安全通道，或与建筑物的安全间距不够大，在运转或转动时，会给人带来挤压伤；操作机构的错误或制动失效导致的溜车，导致碾压受伤等。

（4）高空坠落

工人在安装、拆卸、检查、维修或操作起重机时，因高空坠落而受伤。

（5）其他损害

包括身体与活动部件的接触所造成的绞、碾、戳等伤害；液压吊车的液压部件损坏导致的高压液体喷射伤害；装卸高温液体金属、易燃易爆、有毒、腐蚀等危险物品，因跌落或包装未牢固而损坏等。

了解了上述起重伤害事故的原因，我们就可以在起重作业过程中采取以下措施来尽量避免事故的发生。

（1）起重操作人员必须接受专业的安全训练，并通过考核，获得特殊工作许可证后方可上岗。

（2）在起重过程中，所有人员都要根据现场的工作环境，选择安全的工作地点。在起重机械和地带轮之间通过钢索的地方，严禁任何人停留或通过。在起重作业时，必须有专人负责，其他工作人员必须服从。

（3）起重作业的负责人不可兼作司索（挂钩）工，负责人要注意观察吊车周围的情况，并保证信号准确无误。

（4）在吊装物体前，相关人员必须了解清楚物体的真实重量，不准起吊不明重量和埋在地下的物件。对于没有固定吊点的起重物体，必须按照要求选定吊点，并将其绑紧，确保重物在吊运过程中保持平衡且吊点不产生移动。

（5）物料升降机（龙门架、井字架）施工时，只供应建筑材料、小型设备及混凝土等构件，禁止人员上下，严禁超载吊装。吊篮中的材料要均匀地放置，避免在吊装过程中发生重心偏移。

（6）龙门架、井字架必须系于专用的地锚，不可系于树木、电线杆或非标准物件，不可随意拆下。严禁在运行过程中维修，发生故障后立即关掉电源进行维修，修理后才能继续运行。供料平台必须设置防护门，严禁人员在上面停留。

(7) 外部电梯为人货两用电梯，电梯内的人员数量和搬运材料的重量不能超过规定的限度。

(8) 在塔吊作业之前，必须先对设备进行检验，确认合格后方可投入使用。在吊装时，任何人不得上下塔吊，不允许操作人员随吊物上升。起重前，指挥、司索及配合人员必须疏散，以防吊具掉落伤人。

(9) 起重吊装作业之前，应对各种安全装置进行安全检查，如限位、保险等，确保一切正常，方可进行作业。

5. 预防高处坠落事故

高空坠物事故因其工作位置，可将其划分为：临边作业高处坠落事故、洞口作业高处坠落事故、攀登作业高处坠落事故、悬空作业高处坠落事故、操作平台作业高处坠落事故、交叉作业高处坠落事故等。按照GB/T 3608-2008《高处作业分级》中的有关规定，凡在坠落高度基准面2米以上（含2米）有可能坠落的高处进行作业，均称为高处作业。从近几年安全事故统计看，高空坠落在所有安全事故中占比较大，也是施工单位普遍重视的一项安全问题。

某水利部门在拆除塔式起重机的过程中，由于突然发生安全事故造成2人死亡。

在项目实施前，拆除队进入现场，向项目部报送了拆除工作指令书，项目部整理形成《××塔式起重机拆除作业指导书》，由施工单位审核后上报监理、业主，由监理单位通过电话批准。

在工地上，项目部和拆除团队的领导和工人们进行了技术交流，并填写了安全工作单，然后进行拆除工作。在施工的第一天，拆卸了11个标准节，塔吊其余3个标准节和12米高的基础节段，以及起重机的吊杆和平衡臂，需要用汽车吊来拆卸。

在拆卸吊杆时，技术人员蒋某在施工现场指挥工人将起重机爬升架和下部支架的连接螺栓提前拆除。起重臂端部2名作业工人在完成作业乘坐起重臂小车返回过程中，塔机起重臂与平衡臂失衡，致使平衡臂下沉，起重臂上翘，塔机下支座与塔身标准节的连接螺栓被拔出、弯折并剪断，塔机下支座以上部件从塔顶滑落，起重臂上的2名作业工人随起重臂坠落地面，送至医院后因抢救无效死亡；塔机驾驶员被甩出驾驶室受轻伤。

后经过调查发现，这起事故是由于施工单位违规操作导致的，技术人员擅自将爬升架与下支架的连接螺栓提前拆除，在配重块和起重臂小车变幅共同作用下，塔机起重臂和平衡臂失衡，导致下支座以上部分坠落。

从事故致因的角度来看，高处坠落事故的原因有两大类：人和物。人的原因包括以下几方面。

(1) 违章指挥、违章作业、违反劳动纪律的“三违”行为。

①指派没有施工资质的工人进行登高作业；

②无资质（条件）的高空作业人员未经批准，擅自进行高空作业，按照相关规定，高空作业人员必须进行定期体检，患有高血压、心脏

病、贫血、癫痫等疾病不宜进行高空作业的人员，严禁进行高空作业；

③未得到工地保安人员的许可，擅自拆除安全防护设备，如工地工人在进行楼层周边砌体施工时，私自拆掉楼层周边的防护栏杆，属于违章作业；

④不按照规定的走道上、下，爬阳台、吊车臂架等不规范的走道；

⑤在拆卸脚手架、井字架、塔吊或模板支撑体系时，没有人看管，没有按照要求设置足够的安全措施；

⑥在高空作业时，未遵守劳动纪律，未穿戴安全帽、安全带、防滑鞋等个人防护装备。

（2）操作失误。

①在洞口、临边作业时，踩空或滑倒；

②在搬运工作现场，由于安全带未系紧而导致的坠落；

③施工过程中，由于操作人员的不协调，致使施工人员发生坠落。

（3）作业时贸然行事，没有充分考虑周边环境的安全。

物的原因包括以下几方面。

（1）高空作业的安全保护设备材料强度不足、安装质量差、磨损老化等，其主要特点如下。

①作为防护栏杆的钢管、扣件等材料，由于壁厚不足、腐蚀或扣件不符合要求而发生断裂、变形，失去防护功能；

②吊篮脚手架钢索因摩擦、锈蚀而断裂，造成吊篮倾斜、坠落，导致坠落；

③施工脚手板由于强度不足而发生弯曲、变形、折断，造成人员跌落；

④由于其他设备（手拉葫芦、电动葫芦等）的损坏，造成人员坠落。

（2）因安全保护设施不合格或装置失效而造成的事故，其主要特征如下。

①临边、洞口、操作平台周围的安全保护措施不符合要求；

②脚手架、施工电梯等工程设备的防坠装置失效，造成脚手架、施工电梯坠落。

在某发电厂的汽机分厂，班组工人被安排大修一台机力塔风机。在事故发生前，大部分维修工作已经结束，电机也已经做了试转，剩下就是组装机械部分的叶片工作。员工周某向领导请示，因为电机试转时，油挡的橡皮油封出现过问题，做了更换，所以还需要再把风机转动一下，看是否漏油。

经过领导同意后，周某便让张某去值班室申请供电，然后和其他工作人员随后上到了机力塔内风机检修平台处进行维修工作。周某检查了油压表之后，确认正常，随即跟郑某说，根据他的手势启动风机。也许是现场环境嘈杂，郑某没有听清“根据手势”这句很重要的话，也没有通知其他在机力塔风机的工作人员撤离，便直接下去按了启动电源。

当风机启动时，还有其他几名员工在这台风机不同的位置进行工作。风机突然启动，瞬间将这几个人从高处平台吹下来。其他工作人员见状立刻跑去值班室通知停电，并将伤员送至医院。这场事故所幸没有导致人员死亡，但有6名员工由于从高处摔下，导致严重骨折。

要想防止高空坠下，除了要认真检查设备的安全性，排查“物”的隐患，更重要的是要严格落实安全管理，明确工作职责，保证作业人员熟悉作业方法、掌握专业技术、严格遵守操作规程，同时加强日常检查，严防事故的发生。

（1）强化安全生产和经营管理。加大对安全生产的投资，设立安全部门，对可能发生的问题进行监督，或设立一些高技术产品进行监督。在施工期间，必须对高空施工人员进行全方位的身体健康监控，禁止患有心脏疾病等不适宜高空工作的人从事高空作业。

(2) 加强安全技术方面的培训。在施工前必须对作业人员进行技术培训和安全教育，内容包括安全施工政策、施工工艺、施工环境等方面，使作业人员具有较高的安全生产意识，提高工作人员的安全自觉性。

(3) 定期召开安全会议。在施工前，应按照施工单位的施工特征和工作环境，进行安全技术交流，特别是对施工设计中的安全施工要求、具体施工内容的分解和施工安全等问题进行规范和细化，有效地增强施工人员的安全意识，确保施工人员的人身安全。

(4) 严格检查安全制度执行情况。在工程建设中，工程经理、专职安全管理人员、兼职安全员都是安全管理人员，需要把各自的职责和各自的特点相结合，才能真正发挥安全管理的作用。在生产过程中，必须严格遵守安全检查的有关规定和规程，一旦发现安全问题，立即向有关部门报告，并在规定的期限内解决问题，并进行后续的检查，如果不合格，必须进行整改，直至问题得到解决，这样才能从根本上消除安全隐患。

6. 预防危险品爆炸事故

危险品种类繁多、性质复杂、使用范围广、危险性高。在生产、使用、储存、运输、销售、销毁等过程中，如果发生操作上的疏忽，很容易发生火灾、爆炸、污染等事故，这样不仅会造成生命和财产损失，还会造成土壤、水源等环境的污染。这种二次伤害可能会持续数年，甚至数十年，所以，危险爆炸事故可以说是后患无穷，作为企业和职工，必须高度重视其事故的危险性，加强对危险化学品的安全管理，从根本上杜绝此类事故的发生。

某化学原材料库房采用水泥砖墙、石棉瓦、钢屋架等简单结构，库内北墙分设10个桥墩，无窗，南侧5个铁栅门。东西两个方向没有毗邻的建筑物，南边是工厂，西侧是化学制品仓库，只有一墙之隔。仓库里存放着上百种化学材料，其中大部分都是易燃、有毒、有害的化学品，而且它们都是混合在一起的，没有任何防火措施。

某天，一名司机将一辆大卡车停在仓库的大门口，不小心将一桶氯丙烯原材料洒在了地上，仓库管理员只用拖布匆匆擦了几下就离开了，并没有做彻底的清理。地面残留的氯丙烯与仓库内重铬酸钠、亚硝酸钠等无机氧化剂接触发生化学反应，开始自燃，继而又引燃了周边的可燃物。

傍晚时分，当班的工作人员经过，看见仓库着火，急忙呼救。听到呼喊的工人们立刻跑了过来，在报警的同时用灭火器扑救，但是仓库里面的火势越来越大，而且还散发着浓烈的化学品味道。

消防队接到报警后立刻赶赴现场。现场火光冲天，在将近2个小时的努力下，大火才最终被扑灭。

要想有效地防止危险品发生火灾和爆炸事故，就必须采取一套综合性措施，从多种角度进行综合治理，才能根除隐患。

（1）遇热燃烧、爆炸的危急品应在夜间运输；紧急运输时，应采取适当的隔热措施。遇湿易燃、易爆的危险物品不宜在雨天运输。危险物品运输时要轻取轻放，防止碰撞、拖拉、倾覆，严禁人货混装。

（2）运输易燃易爆危险物品时，应当有相应的灭火、防毒工具、自救设备，并在其上设置静电接地设备。

(3) 专用仓库、货场或其他专用存放设备必须由经过消防培训的人员专门负责。

(4) 对安全阀进行定期的排气试验。每个月要进行一次电磁安全阀门的电气循环测试。对各种压力容器安全阀门进行最少一次的排气实验。

(5) 易燃、易爆、化学成分相互冲突或灭火方式各异的化学品，不得存放于同一个仓库。严禁将氧化剂、还原剂放在同一仓库内。

(6) 高压气体容器应按类别分开储存，不可与易燃、易爆的危险物品混在一处。

(7) 储存乙炔和氧气瓶的储藏室，其防火性能不低于第二级。储存容量低于 50 个气罐时，与其他建筑之间的间距不得少于 25 米；50 个或更多的气瓶，与建筑和生产场地之间的距离应不少于 50 米；与居住及办公大楼之间的间隔不得少于 100 米。禁止在同一仓库存放氧气罐、乙炔或其他易燃气体。禁止在容器内用氧做任何加压、试压工作。

(8) 根据国家规定，必须定期对氧气罐进行检验。过期或未通过测试的产品不得使用。在储运过程中，不得改变气瓶的颜色及标识，以免油漆层脱落，产生漏气。氧气和乙炔瓶必须竖直摆放，并牢固地固定。

(9) 使用液化气做热塑、电缆头等工作时，气瓶必须直立放置，周围禁止明火、电焊等操作。

(10) 电焊机、冲压机、车床、台式钻机、型材切割机等机器的周围不得放置易燃物品。

(11) 使用高压气瓶时，必须设置减压装置，严禁使用未使用减压阀的气体。打开气瓶时，必须站在出气孔的一侧，使用特殊的扳手来打开瓶阀。发现泄漏时要立即关闭阀门，采取措施，在安全的地方进行处理。

（12）《危急货物品名表》（GB12268）规定，不仅应对易燃、易爆危险品进行分类储存，还要保持一定的安全距离。室内存放易燃气体的安全距离在三级耐火建筑内应相距 12 米以上。全部气瓶不得靠近明火，安全距离为 10 米以上。易燃、易爆危险品储存仓库应采用不燃烧的地面，并在仓库中安装相应的安全设备，如通风、防爆、防火、防晒、调温、消除静电等设施或器材。

某公司油库输油管线曾经发生爆炸起火，导致这起事故的原因是，当天的一名操作人员在油轮暂停卸油作业时，没有停止注入脱硫剂的作业。这个员工对危险品缺乏足够的事故风险防范意识，在之前工作中也经常这样操作。这次，他以为也不会出现差错，可是意外发生了。靠近加注点东侧管道低点处发生了爆炸，随即导致罐区阀组损坏，并且大量原油开始泄漏，着起熊熊大火。

起火的位置位于某码头，这个码头建有 17 个 10 万立方米原油罐，3 个 5 万立方米原油罐，并有多条输油管线，事故发生时原油总储量达超过 700 万立方米。当时，由于油库罐区入口处的多个阀组联箱被火灾烧毁，导致不能及时关闭阀门，大量原油从管道破裂处喷涌燃烧，火势沿输油管线、管沟、排污渠、坡地面迅速扩散，瞬间就形成了巨大的火海。

消防支队指挥中心接到报警后，一次性调集了 1000 余名消防员迅速赶赴现场扑救。支队指挥员根据现场火场态势，采取“先控制、后消灭”的战术。随后，当地消防总队及各增援力量也相继到场，迅速调整部署、组织力量对火油罐及毗邻罐强行冷却，全面消灭输油管线、泵站、油池等各处火势。经过全体人员 15 个小时的奋力扑救才最终将大火扑灭。

危险品发生燃烧和爆炸，往往很猛烈、蔓延快，而且殃及面广，扑救困难、持续时间长，对人体毒害也大。因此，除了要在日常生产、储存、运输过程中采取防范措施，还要依据危险品物化特性，提前制定专业的灭火应急救援预案，这样才能在发生意外火灾或爆炸后，最大限度地减少或避免事故的损失。

7. 预防坍塌、冒顶事故

在建筑施工过程中，时常会发生建筑物、脚手架、模板支架、土方等坍塌事故，在矿井采掘时，也经常会因通风道坍塌发生事故，这些事故都会造成生命危险以及严重的经济损失。为此我们要认真分析坍塌、冒顶事故发生原因，总结以往事故的经验教训，提前采取有效措施，最大限度地防止类似事故发生。

某污水处理厂曾发生一起由于管网施工而导致的土方坍塌的安全事故。事故发生的区域多处正在进行施工，新挖的土方土质较为松软，而且事故发生前下过雨夹雪，事故当天天气回暖，导致土壤结冰膨胀，堆土处于不稳定的状态。

当天下午，工人宋某正在人行道上进行安装井盖作业，现场指挥人员临时让其到旁边基坑里帮助孙某接污水管道。宋某便与孙某相互配合，一个人在基坑口接管道，一个人在另一端深坑处接管道。这个基坑深约 7 米，宽约 0.8 米。两人作业一会儿后，突然土堆发生了塌方，将两人埋在深坑里。管理人员发现后立刻报警求救，同时组织现场工人进行紧急救援。最后，两人被从深坑里救出，宋某脱离生命危险后被送往医院救治，而孙某经现场抢救无效死亡。

后经调查认定，这次土方坍塌是一起生产安全责任事故。污水处理厂的土方专业工程施工方并未对沟槽现场土质进行勘测以及排查评估施工安全隐患的风险，同时，也没有采取有效防范措施便下令进行日常开工，导致了这起事故。

预防坍塌事故的主要方法如下。

（1）要加强对各种崩塌事故的防范意识，坚持“安全第一，预防为主，综合治理”的安全生产方针，牢固树立安全第一、质量第一的观念。

（2）加强安全生产的投入，建立高质量的安全管理队伍，保障安全作业，防止产生坍塌事故。安全管理要实现纠正违章、消除隐患、预防事故的目标。很多单位的实际工作经验表明，建设一支具有高度责任心、技术专业、有丰富经验的安全管理队伍，是预防塌方事故、做好安全生产的重要保证。

（3）加强脚手架、井字架、操作平台的安全技术管理。预防脚手架、井字架、操作平台坍塌等事故的发生，应做到材料和构造达到相应技术标准的规定，脚手架、井字架、操作平台高度超过标准规定时，应有专项设计计算，并经审查批准，架子搭设和拆除人员除应持证作业外，还要有能指导施工的方案，并在搭拆前进行书面交底。脚手架、井字架、操作平台应经工程技术和安全部门的检验，严禁超负荷作业。

（4）加强对施工队伍的管理。实践证明，无资质承包、私招乱雇、建筑劳务队伍的技术素质差，是造成坍塌事故的重要原因之一。要创建安全、文明、优质工程，预防各种崩塌事故，必须培育和培养一批训练有素、纪律严明、技术过硬的施工队伍。

（5）要落实安全教育和培训措施，对新来的员工进行安全教育。

根据相关规定：生产经营单位应当对从业人员进行安全生产教育和培训，保证从业人员具备必要的安全生产知识，熟悉有关的安全生产规章制度和安全操作规程，掌握本岗位的安全操作技能，未经安全生产教育和培训合格的从业人员，不得上岗作业。

（6）加强对项目设计的管理。要紧紧抓住工程设计的关键环节，严格执行建筑法、建筑工程设计，必须遵守国家有关建筑安全技术规范，确保工程的安全性能，严禁未经许可设计，不得越级设计，不得随意更改设计方案，严禁边设计边施工，严禁无设计施工，确保设计的安全可靠性。

（7）在土方工程施工中采用有效的安全技术措施。因为土方工程属于地表施工，很容易被忽略，要预防土方塌方，应坚持基础施工要有支护方案，基坑深度大于 5 米，要有专项支护设计，要确保边坡的稳定，按顺序挖土，作业人员必须严格遵守安全操作规程，对地下水进行有效的治理，并定期检查边坡和支护，一旦发现异常，及时采取相应的措施。

（8）加强现场检查，及时改正违规行为，杜绝安全隐患。要防止崩塌事故的发生，就必须把安全检查制度化，要突出对重点人物、重点环节的控制，及时纠正人的违规行为，同时，消除物的不安全因素，确保万无一失。

冒顶事故指井下矿山生产中发生的顶板冒落的事故，这是对矿工人身安全和健康威胁最大的事故之一。据有关统计，在全国矿山每年因工死亡人数中，有40%是死于冒顶片帮事故，因此，加强对冒顶事故的预防具有非常重要的意义。

某天下午，5 名矿工在天眼平巷进行掘进作业。进班后，5 人在天眼平巷入口处发现支架的顶梁断裂，可能是因为煤层松动造成的。他们本以为，煤炭会从上方滑落，但现在不是维修的时候，还不如让它自己掉下去，这样的话，煤炭应该不会掉多少，等塌方的时候，他们就会把这条巷子修好。因此，这5名矿工其中的一人从工作面下到+124米的天眼口去接煤，另外4个人则在平巷进行施工。下午1点多，垮落大量粉煤和大块岩石，将天眼及平巷口堵住，4名在平巷内作业人员全部被困。

对冒顶事故的早期预兆进行识别，并采取相应的预防措施，是防止冒顶事故的一种重要手段。在冒顶之前，往往会有以下几种迹象。

（1）在回采工作面发生冒顶之前

①顶板断裂声不断，采空区内有闷雷。

②顶板剥落、裂纹增多、裂隙增大。顶板沉降量显著增加。

③由于在冒顶之前，顶板的压力增大，煤层受到挤压，片帮增多，会使煤壁稀疏，从而使机械设备在工作中的负载降低。

④工作面的木质支撑出现断裂时，会有支撑断裂的声音，如果底板的岩性较差，或者层状开采支柱在煤层上，那么支撑的下缩量就会增大。

⑤喷出气体的数量和喷水的增多。

（2）局部冒顶前的征兆

①顶板上的岩石已经出现了裂纹和凹槽，小的碎石受到轻微的振动就会脱落。

②支撑受到很大的压力，会有声音，金属支撑的活动柱会下降。

③支架顶板与立柱错位，横梁发出响声，大量的煤墙剥落片帮。

统计数据显示，矿井冒顶事故多集中在回采工作面，因此，对回采工作面的冒顶事故应重点预防，具体可以从以下几个方面着手。

（1）根据顶板的岩性和岩体运动特点，选用适当的支护方式。

（2）在煤体倾角小、顶板破裂、压力大的情况下，应选用横板棚。在大倾角的条件下，应选用顺板棚。

（3）要保证回采工作面的平整，不允许有松散的煤块。

（4）工作面、支座、滑块应尽可能地保持在一条直线上，并应及时进行支撑。

（5）在打眼、放炮、割煤、移溜子等操作过程中，遇到被破坏的支架，应立即修理，在移溜子时，要拆掉支架的位置，并应及时增设临时点柱。

（6）支架必须固定好，严禁将支架安装在浮动煤层上。

第九章

拧紧安全发条，重视网络信息安全

在当今社会，信息安全具有十分重要的意义，它与每一个企业、每一名员工都有着紧密的联系。做好信息安全工作，有利于保护企业商业机密和个人隐私，保护企业和个人财产安全。

1. 强化信息安全意识，预防互联网“强盗”

信息，一直以来都是社会中非常重要的一项资源。随着信息技术的迅速发展和广泛应用，使信息与材料、能源一样，成为人类社会发展的三大支柱之一。

计算机在许多行业中得到了广泛的应用，如数值计算、数据处理、辅助设计和制造、人工智能、家电产品等。在各种单位（包括政府机关、事业单位、生产企业、商品流通企业、金融财税部门）中，运用电脑进行经营，目的都是提高企业的工作效率和经营水平。例如，各种管理信息系统、各种信息制作与传播工具，都涉及信息的存储、传输、使用等问题。

在利用电脑、互联网进行信息处理的过程中，企业应重视信息的安全性。重要文件、重要数据等信息，一旦有丢失、损坏、泄露、无法及时发送等情况，将会对企业造成巨大的损失。尤其是涉及商业机密泄露，甚至会影响到公司的生存与发展。

警方接到了一起举报，有一家公司的邮箱被黑客非法入侵、恶意篡改，这家公司被骗后，将650余万元人民币的货款打入了黑客账户。

接到报警后，民警立即向市局网警报告，市局对此高度重视，与当地派出所联合进行了调查，并在最短的时间内对这家企业进行了紧急止损，并通过投诉、冻结等方式，成功追回了全部货款。

后据警方调查，黑客通过软件入侵了公司的邮箱，修改了该公司寄往海外客户的邮件中的收件人和收款账号，而该公司则按照邮件的提示，将款项打入了黑客的账户。为制止进一步损失，网警大队对该公司开展网络安全隐患排查，及时发现了存在的信息安全问题，并及时阻止了该公司约850余万元的第二笔货款打给黑客。事情发生后，网警对该公司的负责人和相关人员开展了网络安全宣传教育。

据网警介绍，这类黑客的犯罪手段很有针对性，主要是针对与外国商人有生意往来的公司。由于时差、语言交流等原因，外贸公司与国外客户的联络，多采用电子邮件的形式。入侵公司邮箱后，一旦发现双方有业务往来，黑客就会利用网络漏洞盗取邮件，再伪装成交易双方，将交易账号转化为自己的账号，从而非法获取钱款。

企业的经营计划、知识产权、生产工艺、解决方案、客户信息等资源，都是公司全员长期努力积累的结果，这是公司发展的基础和动力，直接关乎企业的生存和发展。在现代信息社会，企业的经营管理越来越多地依靠计算机和互联网，因此，提高企业的信息安全意识、增强企业的信息安全尤为重要。

企业信息安全建设的基础是：实体安全、运行安全、信息资产安全、人员安全。

（1）实体安全

实体安全是指保护计算机设备（包括网络）和其他媒介不受地震、洪水、火灾、有害气体和其他突发事件的损害。实际上，实体安全是指环境安全、设备安全和媒体安全。

（2）运行安全

运行安全是为了保障系统功能的安全实现，提供的一套安全措施来保护信息处理过程的安全。为了保障企业系统功能的安全，可以采取审计跟踪、风险分析、应急处理、备份与恢复等措施。

（3）信息资产安全

信息资产安全是为了保护信息的完整性、可用性、保密性和可控性，避免信息泄露、改变、破坏或使信息被非法系统识别、控制。信息资产安全包括操作系统安全、病毒防护、访问控制、加密、鉴别、数据库安全、网络安全等。

（4）人员安全

人员安全主要包括企业系统使用人员的安全意识、法律意识、安全技能等方面。员工的安全意识与他们所学的安全技术相关，而安全知识与他们所接受的安全技术培训相关。因此，人员的安全意识是可以通过培训，以及安全技能的积累而逐步提高的。

某地警方曾接到一起企业信息被盗窃的案件。这起案件是由于这家企业大量核心技术人员在短时间内集中离职，非法从事同类研发工作。经过警方调查发现，该公司员工孙某与公司研发部门的骨干成员合谋窃取公司的商业机密。在孙某等20名犯罪嫌疑人被警方缉拿后，缴获了含有大量涉及商业秘密的电脑、U盘和移动硬盘。经统计，本案犯罪嫌疑人窃取技术价值总计2000余万元人民币，另外，由于此事件的发生，给该企业研发项目延迟造成的损失也超过了1000万元。

信息安全是企业持续健康发展的基础保障。随着互联网的普及以及企业自身的发展，企业的信息安全问题逐渐被提上日程，广大企业经营者提升了安全意识，信息安全建设成了企业重要任务。传统的信息安全技术主要集中在防火墙、VPN、入侵检测、防病毒、认证等传统的信息系统安全设施上。然而，仅仅靠技术手段来保证信息的安全性还远远不够，所谓“三分靠技术、七分靠管理”，这条法则同样适用于信息安全技术的管理。在21世纪，信息安全会越来越受到重视，我们应采取更加先进的信息技术与管理手段来保护自己的信息安全。

2. 避开信息建设误区，完善信息化建设与管理

信息化建设可以说是一次企业管理变革，是以新技术取代传统技术的管理方式。企业要抓住信息化的核心，结合自身的具体情况，将信息化技术应用于企业各项生产和经营活动，从而提高企业的管理水平和运营效率，实现快速发展。但是，由于我国企业的信息化发展不均衡，各行业的信息化程度也不尽相同，有的企业在信息化建设上取得了较快的进展，而有的企业信息应用程度还相对较低。

技术员老宋在一家自动化设备公司上班，主要负责保管公司图纸，这是老宋和他所在的技术部门最重要的工作之一。但是由于自动化设备产品单价高、生产批量小，因此公司每天需要大量的图纸发放，最多时一天需要发放一万多张。老宋所在的部门有10余名专业人员，负责图纸的绘制、分拣、发放、修改等工作。大家都处于高强度的工作状态，繁忙的时候很容易出错，经常会出现使用错误版本的情况，导致公司生产出现巨大的损失，老宋也经常因此被批评。

老宋听说现在国内已经有十几家可以做PDM系统的厂商，准备让企业信息化，提升工作效率。于是，老宋先后联系了国内外好几家PDM厂商，厂商们推荐的典型用户单位也没少跑。

老宋虽然是设计方面的专家，但对信息化实在一窍不通，经过行业协会推荐，选择了一家 PDM 系统的厂商，并在此方面前前后后投资超过了 150 万元。

双方经过几个月的对接，PDM 系统厂商的项目人员先后为企业开发了几个版本的软件，始终都因与企业实际运营方式和目标不匹配，最终没有实际投入使用，致使公司在信息化建设方面投入的 100 多万元都打了水漂。

从上述实例可以看出，企业信息化建设虽然可以提高企业的经营效率和市场竞争力，但实际情况是，企业实现信息化建设的成功率并不是很高。通过以往失败的案例总结，主要问题是由于企业在信息化进程中容易陷入以下几个误区。

误区一：对信息化建设的认知误区

认知误区主要表现在四个方面。一是“简单化”，把信息化看成是信息系统的技术，认为这是一个纯粹的技术问题；二是“神秘化”，认为信息技术过于复杂，需要很多的专门知识，这不是企业现有的自身条件能够实现的；三是“理想化”，认为只要进行信息化建设，就能解决企业的经营问题，仅仅购买已经开发好的软件，而忽略了基于信息的增值应用；四是“短视化”，认为信息系统的建设成本过高，目前实施还为时尚早。

误区二：对企业信息化建设缺少科学的战略性规划

企业需要按照企业的内部、外部环境和企业发展战略，谨慎地进行信息化建设。如果不是从企业的战略和企业利益出发，不能全面地考虑到信息技术的应用对企业组织、业务流程、企业文化等的影响，而是盲目投资最先进的软、硬件，造成的后果往往是要么信息技术只是在局部环节处理上能提高效率，要么形成设备的闲置和投资的浪费。

误区三：企业在信息化方面的投资较低，而且往往重硬件、轻软件

许多企业在硬件方面的投资超过了 80%，但是在相关软件方面的投入却远远落后。“重硬轻软”的方式，既消耗了大量的流动资金，又减少了硬件设施的收益率。有的因为前期论证不够，在建立了信息系统后，没有科学、合理地应用，导致了资金的浪费。

误区四：整体信息技术运用程度不高

当前，仅有少数企业拥有完整的信息管理系统，绝大部分企业仍处于信息保存、财务管理等初级信息管理阶段，缺乏更深入、更系统的应用，同时，没有将各部门的信息高效地“串联”起来，无法发挥信息化建设的最佳效果。

误区五：缺少信息化意识，也缺少相关的技术人员

人才是一个企业发展的根本，而实施信息化，则要求具备商业管理和信息技术双重素质的复合型人才。由于资金、制度、管理等方面的原因，大部分中小企业对人才缺乏吸引力，一方面导致其整体素质不高，无法实现信息化的有效应用；另一方面，部分企业领导对信息化的认知较低，没有给予信息化建设足够关注，以至于企业在信息化建设方面“一波三折”。

针对上述企业在信息化建设中存在的种种误区，企业如果想成功实现信息化建设，需要做到以下两点。

（1）改变管理理念及模式。许多企业在推进信息系统建设时，并未认识到实行信息系统建设的同时要进行企业管理方式的变革，这是造

成信息系统应用失败的根本原因。在选择、建设系统的过程中，不能仅仅依靠技术部门的领导，而需要高一级的主管，特别是公司的一把手亲自主持并参加系统的实施。企业信息系统不仅为企业提供了一套软件，而且还为企业提供了一套全新的管理理念。企业在为上一套信息系统做准备时，必须充分认识到，系统的实施必然会对企业现有管理理念、管理模式、管理流程、方法以及组织架构产生一定的影响。只有深刻理解并应用新的管理理念，才能让整个企业的经营模式发生转变，从而让企业信息建设所产生的效益最大化。

（2）在企业实施信息化建设之前，应考虑好下列问题。第一，要思考公司未来的长期发展目标，并确定近期内急需解决的问题。对于能够用系统来解决的问题，也要按照企业的实际情况，按照企业的短期需要和长远的发展目标，分步进行。同时，要制定各阶段的信息化项目评估指标体系，作为参考和修正的依据，确保每一步骤都实施到位。第二，在对软件的特定功能进行分析时，应从企业的生产环境、生产类型、企业组织形态、软件需求以及企业特性对软件功能的特殊需求等方面进行分析。第三，对企业现有基础设施进行全面的分析，很多企业存在技术设备落后、计算机基础薄弱、企业人员素质偏低不能适应信息化管理等问题，这些问题都应该在企业实施信息化建设之前找到更好的解决办法。

企业的信息化建设是一个漫长的过程。虽然有些企业已经做了大量的工作，但是距离企业信息化的目标还有很长的一段路要走，企业必须要不断地摸索、不断地适应，找到适合企业发展的新的思路和方法，让企业的信息化建设真正地进入到企业管理之中，让企业信息化的作用充分地发挥出来。通过企业信息化平台的搭建，让企业各个部门、各个岗位的资源实现共享，使企业建立更加科学的管理体系和快速反应的经营机制，以帮助企业实现快速、稳步地发展。

3. 用户权限“严管理”，信息安全“无隐患”

信息安全的三个领域是验证与授权、预防和抵制、检测和响应。其中，用户验证是一种验证用户身份的方式。要想建立起一套行之有效的信息安全系统，必须要有良好的信息安全管理机制，并制定相应的管理措施和制度，以消除企业信息安全的隐患。所以，企业在信息安全的基础上，必须加强对用户权限的管理。

权限管理一般指根据系统设置的安全规则或者安全策略，在用户身份被系统验证后，用户可以通过用户名、口令等方式进行访问，而且只能访问自己被授权的资源。在激烈的市场竞争中，企业的商务信息对于企业的生存与发展起到了至关重要的作用。一个不完全的权限管理体系，会出现各种漏洞，让黑客有机可乘。许多软件都能轻易地通过 URL 入侵、SQL 注入等方式获取未经授权的数据，甚至修改、删除数据，对企业造成极大的损失。因此，用户权限管理是企业信息安全管理的关键，需要通过以下方面加强监管。

第一，要建立完善的信息安全管理规范。

完善并发布企业信息安全管理规范，建立相应的信息安全管理岗位，保障信息安全措施的落实。安全生产的最基本流程是：运用科学的评价方法与风险分析模型，设计完整的动态安全模型，建立科学的可执行的安全战略，制定标准的安全措施，选择可靠、稳定的安全产品。

企业信息安全系统的建设并非一劳永逸，随着企业网络信息的状况不断发生变化，出现了许多新的安全问题，因此，要对其中存在的问题进行及时的处理，以确保其健康运行。

第二，通过各种措施，加强优化企业信息安全管理。

例如，采用物理措施如对交换机、大型计算机等关键设备进行保护，建立严密的网络安全管理制度，采取防辐射、防火、安装 UPS 等措施。采用访问控制措施，对使用者的资源存取权限进行的授权与控制。比如，通过用户身份验证、密码加密、更新和鉴别、用户存取目录和档案的权限、网络设备的配置等。采取数据加密技术，所谓数据加密，就是将网络上传送的资料进行加密，在抵达目的地后，将其解密，并将其还原成原始资料，以避免被不法使用者窃取。此外，企业还可以使用密钥管理、数字签名、认证技术、智能卡技术和访问控制等安全技术。

第三，在公司内部建立相应的保密制度。

企业应针对其自身的商业机密特征，制定一套与之相适应的管理体系。通过有关商业机密法律知识的培训，增强企业员工的法治意识、责任感和归属感，增强企业保密意识。另外，企业要与涉及企业机密的员工签订保密协议。企业在与员工签订劳动合同时可约定以下内容：员工在离职后的某一段时期内，不能在与企业有竞争关系的公司任职，也不能从事同一种产品的生产和经营。

公司的重要信息安全管理规范举例。

（1）网络信息系统的安全和保密管理条例

①未经许可的涉密电脑不得上网，如有特别要求，须向上级领导提出申请，并设置物理隔离卡，待有关工作结束后撤掉网络。

②要坚持“谁上网、谁负责”的原则，由各部门负责人对企业重要信息的访问资格进行严格审核。

③对外上网的计算机必须与涉及企业重要信息的计算机系

统实行物理隔离。

④企业上网的计算机上不得存储、处理和传输任何涉密信息。

⑤通过定期教育，增强员工保密意识及安全意识，让员工严格遵守相关法律法规。

（2）关于用户密码的安全和保密管理的规则

①秘密级别计算机的密码由各部门负责人设定。

②保密级别电脑所设定的使用者口令必须由使用者自己保管，不得向其他人泄露自己的密码，如果有必要的话，要向上级汇报。

③密码必须由数字、字符、特殊字符构成；秘密级别计算机的密码最少设 8 个字符，口令更新时间不得超过 30 天；重要机密级计算机的密码长度不能低于 10 个字符，口令更新时间不能超过 7 天。

（3）涉密电子文档的保密管理

①涉密电子文档是指在电脑系统中产生、存储和处理的机密文件、图纸、程序、数据、声像资料等。

②电子文档的密级以其最高级别为准，由生成单位按照密级定义的规定对其级别进行划分，并将文件存储在相应的目录下。

③用户需要在自己的电脑系统中建立“保密级文件”“秘密文件”“内部文件”三大类文件，并把所有文件按目录分开保存。

④电子文档应具有保密级别，不能将其与文件的正文分开，通常在文件的正文之前进行标记。

⑤将电子文档定期、完整、准确地集中存储在不能改变的介质上，并同时将其从电脑上完全删除。

⑥各涉密科室自用信息资料要定期做好备份，备份时要注明备份日期、备份内容和相关级别。

⑦各部门要对备份电子文件进行规范的登记管理。

⑧对涉及机密的文档和数据的备份要严格保密。严禁擅自复制、转存或转发他人。

⑨备份资料的存储介质应采取防火、防热、防潮、防尘、防磁、防盗设施，并进行异地备份。

企业的权限管理可对不同职责的员工进行分类，这样更有助于提升企业信息安全。采用用户权限管理如同建立一道天然的屏障，将对企业不安全的因素隔离在“外面”，帮助企业建造一道看不见的防火墙，以此来保持企业信息数据的安全性和稳定性。在当下数字化时代，企业如果想要取得稳固发展，必须要做好用户权限管理，只有这样才能够提高企业信息的安全性，防止重要机密向外泄露。

4. “看紧”自己的手机，小心掉进网络陷阱

互联网极大地方便了人们的工作与生活，同时也带来了许多新的安全问题，例如网络诈骗。在现代社会上，网络诈骗的方式越来越多样，犯罪分子可以准确、及时地获取受害人的个人信息，进而对受害人的心理、行为进行控制，给受害人带来巨大的经济损失。网络欺诈通常是从个人信息泄露开始的，在当今互联网环境下，个人信息的泄露风险越来越大，因此，我们每个人都需要在生活的方方面面，全方位防范个人信

息的泄露，保障自己不遭受网络诈骗的损失。

王某是机械厂的一名维修工，成家已经有两年多，仍和妻子一起租房子住。王某工作这几年有了一些积蓄，便和妻子商量买套房子。于是，王某在家人的支持下，加上自己和妻子存款，一共凑了40万元。他将所有钱都放在自己的一张银行卡里，想等找到合适的房子就用作首付。

一天上午，王某收到一封写着“××银行”发来的邮件，邮件的意思是王某的查询协议即将到期，为了不影响正常使用，建议王某尽快更新。王某看到邮件的发件人是“××银行”，没有经过认真识别，便点击了邮件中提供的网址，进入“银行”网站。

这个网站做得十分细致，跟真的银行网站相差无几，所以也没有引起王某的怀疑。王某就在该网站上输入了自己的银行卡号、密码，随后，王某收到“银行”发的验证码短信，他将验证码输入网站后，网站却一直显示输入错误，王某一连试了几次，都无法正常登录，于是赶紧去了趟银行，到了银行查询得知，自己卡里的40万元已经不翼而飞。

从上述案例中，我们可以看出，网络陷阱多种多样，我们对于重要的个人身份信息、存款账户、密码等更要有严格的保密意识，“三思而后行”。另外，现在智能手机的使用越来越普遍，各种软件层出不穷，我们在安装和使用时要注意其安全性，尤其是安装陌生软件、进入陌生网站、与陌生人聊天时，更要提高警惕。

有这样一起电信诈骗案，当事人张某被电信诈骗分子洗脑，差点儿损失5万元钱，被警察成功阻拦。

这天中午，派出所的民警接到市局电话，该辖区有个叫张某的居民疑似正在遭遇诈骗，让派出所民警仔细调查下事情原委。民警接到电话后，马上查出张某的居住地址和电话，并火速赶往其居住地。民警敲门后并没有得到应答，便拨通了张某的手机。此时的张某正在银行准备给诈骗分子转账，接到民警的电话后还没有醒悟，民警询问他现在位置，他说在银行正在办理业务，民警赶紧让张某暂停办理，原地等待。随后来到了张某所在的银行，对张某进行劝阻。

张某之所以想给诈骗分子转钱，是因为被诈骗分子深度洗了脑。事情是这样的，一个月前，张某下载了一个聊天软件，刚注册完账户，便有一位女士主动添加张某为好友。随后，两人在网上越聊越投缘，于是张某便对该女子产生了感情。过了一段时间，该女士向张某推荐了一款投资软件，说可以一起通过低买高卖优惠券赚取差价来获利。虽然没有见过面，但张某对该女子深信不疑，而且这件事又可以赚钱，张某便答应将自己的 5 万元转给对方。民警找到张某的时候，张某正是要给该女子转这笔款。

经民警调查发现，张某之前下载的聊天软件是一个网络诈骗用的钓鱼软件，至于网上这名女子说的“赚钱之道”，纯属是诈骗行为，张某一时被冲昏头脑，要不是民警的及时阻拦，恐怕这 5 万元钱已经无影无踪了。

上述案例是典型的“网络钓鱼”。“网络钓鱼”除了利用手机软件外，还有其他形式，例如：通过发布虚假的广告，以“贷款”“免费试用”的名义，诱骗受害者下载木马，并使用“钓鱼网站链接”“木马”链接、网络渗透等隐藏技术，骗取受害人的钱财；利用伪基站发送虚假的链接给不特定的目标，当受害者产生误解，认为是正常的网址时，点击虚假链接，从而有可能造成财产损失；通过各种手段，获得受害者相关账号、密码、身份证号、电话号码等，然后再以该账户为依据，将与其绑定的相关账号银行卡中的资金进行转账，从而造成受害人经济损失。

网络陷阱花样虽多，但是我们只要克服自己的“贪利”思想，同时采取一定的防范措施，就可以避免遭受损失。具体应对办法有以下几种。

第一，注意连接 Wi-Fi 的安全。

在公共场所里，谨慎使用免费 Wi-Fi，尽量用可靠的 Wi-Fi 接入点，平时要关闭手机和平板电脑的无线网自动连接功能。

在家庭中，要修改家庭中无线路由器默认的管理员用户名和密码，家中无线路由器的密码设置要尽量复杂，最好是字母和数字的组合，并启用 MAC 地址过滤，家中无人使用时，要及时关闭无线路由器电源。

第二，防止智能手机泄密。

为手机设置访问密码；经常为手机数据备份；不要打开陌生人通过手机发送的链接和文件；在 QQ、微信等程序中关闭地理定位功能，仅在使用时候开启；给手机安装安全防护软件，并经常对手机系统进行扫描杀毒；在权威网站下载手机应用软件，并在安装时谨慎选择软件权限；不要随意对手机进行破解刷机，以保证应用系统的安全、稳定；警惕收到的陌生人的图片、文件和链接，不要轻易打开。

第三，注意手机支付安全。

保证手机随身携带，将手机支付客户端与手机绑定，并使用数字证书，开启实名认证；使用手机支付服务前，按要求在手机上安装专门用于安全防范的插件；登录手机支付应用、网上商城时，尽量不要选择“记住密码”选项；经常查看手机任务管理器，检查是否有恶意程序在后台运行。

除了这三点安全常识，我们平时要多学习网络安全知识，多了解“网络钓鱼”“网络诈骗”的案例，提升自身的安全意识，杜绝侥幸心理、贪财心理；遇到可疑现象时要及时采取防范措施；如果遇到诈骗和陷阱，要及时报警，用法律武器保护自己的权益不受损失。

5. 建立信息“防火墙”，确保系统安全运行

在现阶段，企业信息的传递和存储方式多种多样，远程办公、即时通信、移动存储、智能手机和各种社交网站的不断涌现，为企业的数据泄露防护体系带来了极大的挑战。企业建立信息防火墙的目的就是保护企业内部网络中的每一台计算机的安全，并使其免受来自企业外不安全网络的恶意存取或攻击。防火墙在内网中的作用主要是将外部和内部网络进行物理隔离，再根据预定的安全策略对防火墙的访问行为进行控制，以达到对内部网络的有效控制。

对公司的信息安全构成威胁的危险因素主要有以下几种。

病毒危险：只要有电脑，就会有电脑病毒。计算机病毒是当前数据安全的最大敌人。计算机病毒是计算机编程人员在计算机程序中植入的一套计算机指令或程序代码，它们会对计算机的功能和数据造成损害，影响软件和硬件的正常工作，并可以自行进行复制。电脑病毒具有传染性、寄生性、隐蔽性、触发性、破坏性等特点。病毒的“毒性”是不一样的，轻微的病毒只是在被感染的机器上发出几条警报，严重的情况甚至会对个人电脑甚至是整个公司的网络造成破坏。

黑客入侵：随着越来越多黑客攻击案例的发生，公司必须

对此有所警觉。所谓黑客，是指在未经许可的情况下，通过互联网的安全漏洞，对公司的网络和资料进行删除、复制、破坏等行为。

拒绝服务：此类攻击一般能使单个计算机或整个网络瘫痪，拒绝服务就是要阻碍合法网络用户使用该服务或破坏正常的商务活动。比如，由于中断了两个电脑的连接，阻止了用户访问服务；通过将大量的信息传送到公司的网络，阻塞了公司正常的网络通信，这不仅会摧毁企业网络架构本身，还会影响到企业正常业务的开展。

"窃听"和截获资料：通过直接或间接地截取网络上的特殊资料包，并加以分析，以获得所需要的资讯。公司在与第三方网络进行通信时，必须采取有效的防范手段，以避免在中途被拦截重要信息，例如用户信息等。

内部员工的非法窃取：员工使用即时消息、FTP 上传、移动存储、打印、电子邮件等方式将企业信息泄露或外传。

鉴于上述企业信息安全存在的威胁因素，企业构建信息安全防火墙的意义重大，它可将内部网络划分为不同的安全区域，即业务系统区域和数据处理区域，对各种业务活动区域中可能出现或者已经发生的安全威胁采取防范措施。从技术层面来讲，企业防火墙可以将安全策略（包括安全策略之间、保护方式和保护手段之间、保护对象和保护手段之间）通过多种方式进行传输或交换，因此可以对网络进行分层管理及监控。并且通过将安全策略与特定访问控制策略相结合多种类型的安全技术手段，可以对内部网络系统中存在的非法访问行为作出有效的阻断或控制，并进行有效的管理和监控。

企业的信息安全是一个系统性的工程，仅仅依靠防病毒软件、防火墙软件等安全防护产品是无法解决的，必须综合各种安全技术，建立一个高效、适用、完整的网络体系。要实现这一目标，一个企业的信息安全系统还需要完成如下工作。

（1）选择专业数据防泄露工具

专业的数据防泄露工具，可以针对不同等级的企业数据进行相应的防护。另外，企业的安全管理员应注意保护存储在服务器、资料库、终端磁盘、便携设备及其他资料库的资料。

（2）封堵泄露途径

信息泄露的途径包括因为操作失误、打印、外发文件、拍摄屏幕等方式泄漏内部数据；离职人员导出在职时期的涉密邮件；黑客通过网络监听、拦截等方式对传输数据进行篡改、伪造和窃取等。企业可以采用“特殊部门不允许进行文件外发”“监控电脑的文件外发动作”“给文件加水印”“透明加密”“QQ、微信、FTP 使用统一的外发平台”等制度或管理方式封堵企业重要信息的泄露途径。

（3）采取容灾技术

企业构建信息安全体系，只有防范和检测是不够的，还必须具有灾难容忍和系统恢复能力。因为任何一种网络安全技术和设施都不可能做到万无一失，一旦发生泄露事件，其后果将是灾难性的。这就要求企业即使发生信息安全灾难，也能快速地恢复系统和数据。例如使用两个存储器，在两者之间建立复制关系，一个放在本地，另一个放在异地。本地存储器供本地备份系统使用，异地容灾备份存储器实时复制本地备份存储器的关键数据。

（4）以人为本，加强信息安全管理

作为一个企业，要构建一道真正完整的“防火墙”，除了要采取技术措施之外，还必须从“人”的角度构建“防火墙”。

第一，加强员工对信息安全的认识。

要确保网络安全，必须具备良好的网络安全意识。很多企业信息安全事故都与企业人员对网络安全的认识不足息息相关。员工的信息安全意识水平，直接关系到企业的信息安全系统能否最终顺利地执行。企业要建立员工的信息安全行为准则，并配备专业的管理人才，以保障企业的信息安全。同时，企业应定期对相关人员进行安全培训，加深其对信息安全的理解，增强其对信息安全技术的认识，逐步提升安全意识和防范水平。

第二，提升员工对公司的忠诚度。

营造良好的企业文化环境，使公司与员工之间的关系更加紧密，增强员工对公司的归属感，这样可以从内部人员着手，将信息泄露的危险概率降到最低。

企业要不断提高对信息安全的防范程度，将信息安全与其他方面安全放在同等重要的位置，并且定期做风险评估，清楚自身安全系统的缺点和风险，不断对其进行完善，建立技术更先进、管理更高效、安全更可靠的“防火墙”，以达到防患于未然的目的。